地層と化石が語る琉球列島三億年史

谷厚昭

ボーダー新書
012

＊本書は二〇〇七年三月に当社で発行した『琉球列島ものがたり　地層と化石が語る二億年史』を一部改訂し新書化したものです。

はじめに――文化財の石たちとの語らい

赤い屋根瓦と白い石垣、その上の青い空、龍潭から見た首里城は美しい。以前、私は当時、龍潭の向かいにあった沖縄県立博物館で勤めていました。そして、毎日首里城を見上げ、その美しさに見とれていたわけです。ときどき昼休みには龍潭や首里城のまわりを散策しました。そのころです、首里の町には「石でできた文化財」が多いのにあらためて気が付いたのは。首里城の石垣はもちろん、園比屋武御嶽、円覚寺の放生橋、玉陵、金城町の石畳など、数え上げたら切りがありません。また、当時の博物館の庭にも石敢當、中城御殿の石灯籠、円覚寺の礎石などが、そして館内には安国山樹花木記碑、石棺、石臼などいろいろありました（現在は那覇市おもろまちの博物館・美術館にあります）。

ある日、ふとこれらの石の古里を調べようと思い立ちました。調べてみると、石の古里は大きく三つの地域に分かれました。一つは私たちの住んでいる沖縄県の島じまで見られる石、二つ目は鹿児島県から持ち込まれた石、そして三つ目は遠く中国福建省の石であることがわかりました。中国の石は緑色がかっているのが特徴で、「青石《ちんしい》」と呼ばれています。鹿児島から持ち込まれた石は火山に関係した石で、溶結凝灰岩と安山岩と呼ばれる黒っぽい石でした。沖縄県産の石は、琉球石灰岩と呼ばれる石がもっとも多く、次に多いのは方言で「ニービヌフニ」といわれる小緑砂岩でした。琉球石灰岩は沖縄県の代表的な石材です。これについては本文で詳しく紹介します。ここではよそから来た青石や溶結凝灰岩について述べてみます。

青石製の文化財がいつ制作されたか調べてみると、安国山樹花木記碑が一四二七年、円覚寺の礎石一四九三年、国王頌徳碑一四九八年、円覚寺放生橋高欄一四九九年、玉陵の石獅子・石碑・扉一五〇一年、首里城正殿基壇の高欄や龍柱一五〇九年、守礼門礎石が一五二七年となっていました。一部安国山樹花木記碑のように尚巴志時代のものもありますが、その多く尚真王時代の製作物です。尚真王は歴史上、琉球王国を確立した王として知られています。つまり、中国産の青石は、王の権力の象徴だったわけです。

それに対し、溶結凝灰岩や安山岩製の文化財は、天界寺仁王像が一六四四年ごろ、弁財天堂の手水鉢が一八五九年ごろ、中城御殿の石灯籠が一八七〇年となっています。つまり、かなり新しい時代の制作物ばかりです。このような違いはどうして起こったのでしょうか。これを解く鍵はどうも歴史上の事件の中にあるようです。

一六〇九年、慶長の役で琉球王国は薩摩に征服され属国になりました。鹿児島産の溶結凝灰岩や安山岩はそれを境に沖縄に入ってきたようです。弁財天堂の建立は一五〇二年の尚真王時代ですが、慶長の役で一度焼失します。その後に持ち込まれたのが手水鉢ということになります。これと似たような例として、一四世紀に築城されたといわれる糸数城内に、一八二〇年制作の石灯籠が設置されているというものがあります。また、今帰仁城跡にも凝灰岩製の香炉がありました。

話は変わりますが、以前浦添教育委員会から依頼されて「浦添ようどれ」の石棺の石質を調べたことがあります。石棺は確かに中国産の石で、黒色の玄武岩でした。

浦添ようどれは尚寧王時代の一六二〇年に修復されました。さきに述べたように、中国産の石棺は時の国力を示しますが、尚寧王の時代は薩摩の属国になっていたとはいえ、まだいくらか国力を維持していたのでしょう。あるいは玄武岩製の石棺だけは尚真王時代の作なのかもしれません。

こうして歴史時代の石造文化財を見ていくと、時代の移り変わりを石が語ってくれるように感じます。石が語る言葉「石語」をたくさん理解すれば、もっと多くの歴史を知ることができるかも知れません。さらに、文化財の石だけでなく、野山にある自然の石にも触れ、彼らが話す「石語」に耳を傾ければ、琉球列島に人びとが住み始めるよりもずっと以前の島の歴史（これを地史といいます）も紐解くことができるはずです。さあ、これから地層や化石が語る「琉球の島じまの地史」をみる旅へ出発しましょう。

人間の歴史では新しい時代のものほど多くのことが残っています。「島の地史」も同じです。ですから、この「島の地史」をみる旅も、私たち人間の時代にもっとも近いところからはじめます。そして、しだいに古い時代へとさかのぼり、最後は島のもっとも古い時代の三億年前の沖縄へと旅をして行きたいと思います。つれづれなるままにお楽しみください。

目次

第十一章　恐竜時代の沖縄―プレートがつくった島の土台―

沖縄の地質層序表

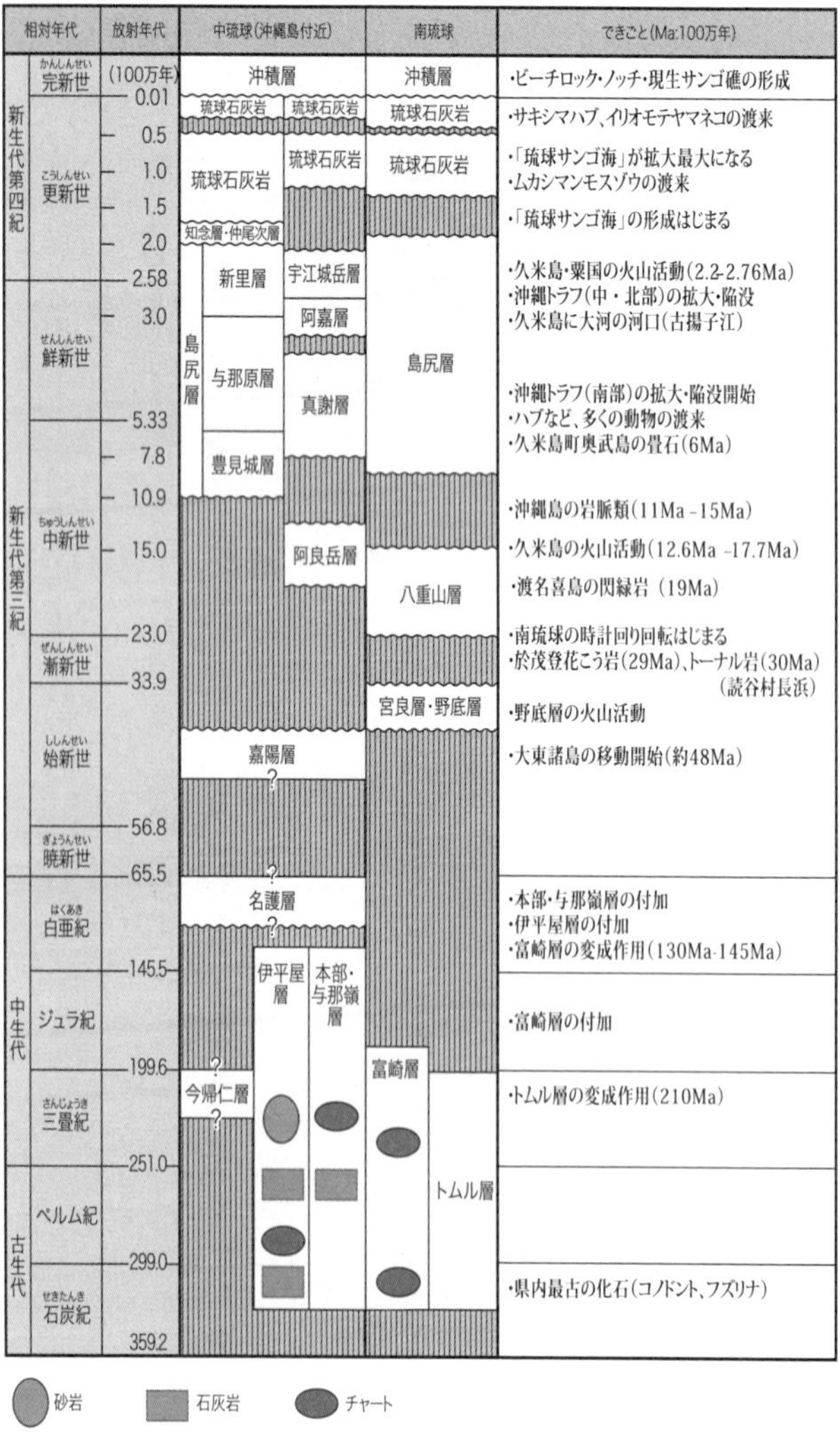

相対年代
放射年代
中琉球(沖縄島付近)
南琉球
できごと(Ma:100万年)
新生代第四紀
完新世《かんしんせい》
(100万年)
0.01
0.5
1.0
1.5
2.0
2.58
更新世《こうしんせい》
沖積層
沖積層
琉球石灰岩
琉球石灰岩
琉球石灰岩
琉球石灰岩
琉球石灰岩
琉球石灰岩
知念層・仲尾次層
・ビーチロック・ノッチ・現生サンゴ礁の形成
・サキシマハブ、イリオモテヤマネコの渡来
・「琉球サンゴ海」が拡大最大になる
・ムカシマンモスゾウの渡来
・「琉球サンゴ海」の形成はじまる
新生代第三紀
鮮新世《せんしんせい》
3.0
5.33
7.8
10.9
15.0
23.0
中新世《ちゅうしんせい》
島尻層
新里層
与那原層
豊見城層
宇江城岳層
阿嘉層
真謝層
島尻層
阿良岳層
八重山層
・久米島・粟国の火山活動(2.2-2.76Ma)
・沖縄トラフ(中・北部)の拡大・陥没
・久米島に大河の河口(古揚子江)
・沖縄トラフ(南部)の拡大・陥没開始
・ハブなど、多くの動物の渡来
・久米島町奥武島の畳石(6Ma)
・沖縄島の岩脈類(11Ma -15Ma)
・久米島の火山活動(12.6Ma -17.7Ma)
・渡名喜島の閃緑岩 (19Ma)
漸新世《ぜんしんせい》
33.9
始新世《ししんせい》
56.8
暁新世《ぎょうしんせい》
65.5
宮良層・野底層
嘉陽層
・南琉球の時計回り回転はじまる
・於茂登花こう岩(29Ma)、トーナル岩(30Ma)
(読谷村長浜)
・野底層の火山活動
・大東諸島の移動開始(約48Ma)
中生代
白亜紀《はくあき》
145.5
ジュラ紀
199.6
三畳紀《さんじょうき》
251.0
名護層
伊平屋層
本部・与那嶺層
今帰仁層
富崎層
トムル層
・本部・与那嶺層の付加
・伊平屋層の付加
・富崎層の変成作用(130Ma-145Ma)
・富崎層の付加
・トムル層の変成作用(210Ma)
古生代
ペルム紀
299.0
石炭紀《せきたんき》
359.2
・県内最古の化石(コノドント、フズリナ)
砂岩
石灰岩
チャート

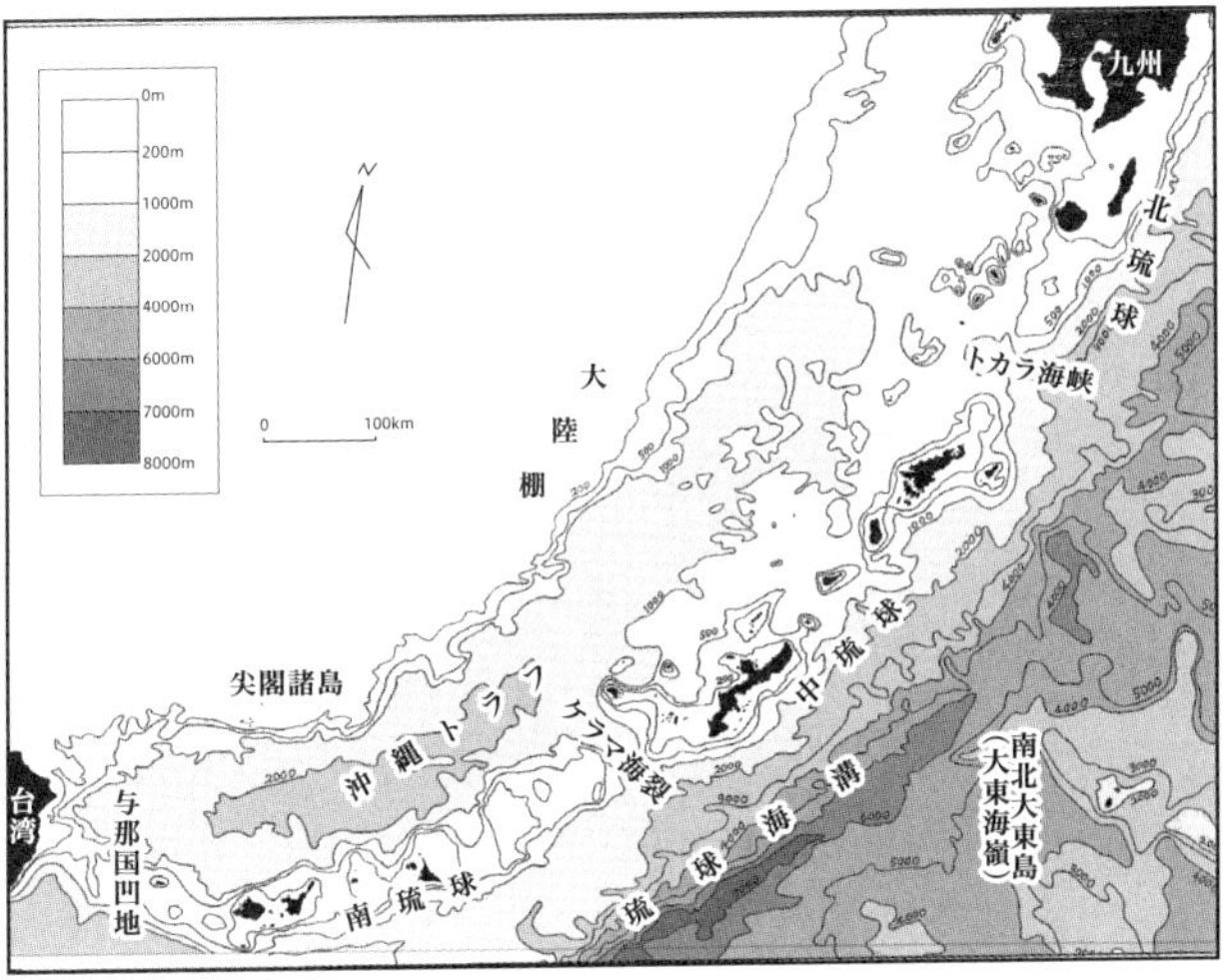

●本書を読むに当たって

本書では、しばしば地質時代の名称、地層名、琉球列島付近の大地形の名称が出てきます。その名称がよくわからないときは、このページと前のページに戻って確認して下さい。

第一章　青い海・白い砂――サンゴ礁の島じま

空から見た島じまのすがた

　東京や大阪など、本土各地から飛行機で沖縄を訪れる人がまず目にするのは、紺碧の海の中に点々と連なる小さな島じまが、エメラルドグリーンの海と、白い砂浜にふちどられて浮かんでいる姿です。とくに、夏の眩しい日差しの中で見るとき、その姿は一段と美しく見えます。そして、着陸してから見上げる空と水平線の入道雲、島をふちどるエメラルドグリーンの海、その沖合に立つ白波、これらが織りなすコントラストは見事です。また、首里城をはじめ、古都首里や竹富島などに見られる赤瓦屋根の町並みと青い空、そして緑の山並みがつくる風景も美しさをきわだたせています。

　私たちが住むこの沖縄の島じまは、日本列島の南に位置し亜熱帯に属する島です。五、六月ごろには、日が落ちると南の空に南十字星も見ることができます。年間平均気温が那覇で二十三度、一年を通して暖かく、いまでは「癒しの島」ともいわれ、その自然の美しさや暖かさに惹かれて年間六五八万人（二〇一三年度）の観光客が島を訪れるようになっています。ではこのような沖縄の美しい風景はどのようにして形作られてきたのでしょうか。じつは、その秘密は石たちが語る「島じまの生い立ち」の中に隠されているのです。そのことについてお話する前に、第一章では現在の沖縄の自然のようすを見ておきます。

砂浜の砂はなぜ白い？

夏、沖縄の海岸に立つと、眩しいばかりの白い砂浜が目に入ります。沖縄に住み慣れた人びとには、その白砂がそれほど珍しいものとは感じないかも知れません。しかし、他県から来た人からすると珍しい風景の一つといってもいいのです。なぜかというと、一般に本土の海岸の砂は陸地をつくっている石が砕けてできたもので、そのために黒っぽい砂になることが多いのです。しかし、沖縄の砂を手にとって見て下さい。ほとんどが海の生物の遺骸やその欠片からできています。そして、その色がみな白っぽいために、砂浜全体が白く見えるわけです。ただし沖縄県でも、他県と同じような地層・岩石からなる島じまの海岸では、やはり砂がいくぶん黒っぽくなっています。

白い砂浜の砂をもっと詳しく見てみましょう。中には丸くて小さなものに棘のようなよ

図１　沖縄の砂浜をつくっている生き物・有孔虫

うなものがついた砂粒が混じっています（図1）。それが観光土産にもなっている「星砂」や「太陽の砂」と同じもので、原生動物の有孔虫の殻がそのまま砂粒になったものなのです。ルーペで見るともっとはっきりしたことわかります。自然を見て歩くときルーペは必需品です。山や海に出かけるとき、ぜひルーペ一個をポケットに忍ばせて下さい。小さな世界の不思議さに驚かされること請け合いです。

　大きめの砂粒や石ころに目を向けると、サンゴ、貝、ウニ、カニといった生物の殻が多く混じっています。有孔虫をはじめ、これらはみなサンゴ礁の生き物たちが死んだあとの姿だったのです。沖縄の白い砂浜はサンゴ礁が生んだというわけです。

サンゴ礁の海がエメラルドグリーンに見えるわけ

砂浜の砂を観察したらさっそく海に入ってみましょう。七色に輝くエメラルドグリーンの海が沖に向かって広がっています。数一〇〇m沖合には白波が立っています。そこがサンゴ礁の端で、リーフ（礁嶺）といいます。海岸とリーフの間の海をラグーン、沖縄の方言では「イノー」と呼びます。リーフは方言で「ヒシ」（干瀬）です（ピシ・ピーとも言う）。海がエメラルドグリーンに見えるのは干瀬までで、その外側には澄み切ったコバルトブルーの大海原が広がっています。このようなタイプのサンゴ礁を研究者は「裾礁」と呼んでいます。沖縄に見られるサンゴ礁の多くはこのタイプです。他に「堡礁」と「環礁」タイプがあります。本章の最後で「明和の大津波」の話をするときに「堡礁」を、第十章で大東島の話をするときに「環礁」の説明をしますので記憶していて下さい。

海水面近くに細かい粘土粒子やプランクトンなどの浮遊粒子が多いと、それが太陽光線の中で波長の長い赤、オレンジ、黄色などを散乱させ、水分子による散乱と混じり合って海水の色が黄緑や緑色になります。しかし、大海原の色が青いのは海水中に浮遊粒子が少ないため、水分子による散乱だけの青い色だけが見えているというわけです。大陸の近くの海や親潮の流れる北の海が緑色がかっているのは浮遊粒子が多いためです。

では、沖縄のイノーの色がエメラルドグリーンに見えるのも同じ理由からでしょうか。いいえイノーの場合、そうではありません。沖縄の島じまは、基地建設、道路建設、それに農業などによる赤土汚染のように、人工的な浮遊粒子をつくらない限りプランクトンも少なく、透明度の高い黒潮に洗われています。ですからイノーの色は浮遊粒子以外に原因があるわけです。イノーの色は、透明な海水を通して見るサンゴ礁の低質、イノーの深さ、それに海底にすむ生物の色によって生じたものなのです。イノーの中で、まず有孔虫などからなる白い砂地のところは、水分子による散乱光である青色だけが見えるので、深さによって空色から青色までの変化が見られます。イノーに海藻群落があれば、その部分は濃い緑色をつくり、岩礁に生育するアオサやヒトエグサなどはあざやかな黄緑色を示すといったわけです。

このように、イノーの色は、そこにすむ生物や白い砂と、さんさんと輝く亜熱帯の太陽とが織りなす色なのです。ですから、冬や曇っている日より、晴れ上がった夏の日差しの下でもっとも美しさを発揮することになります。

サンゴ礁ができるには

サンゴ礁の海がどうしてエメラルドグリーンの美しい色を示すのか、そのわけを見てきました。ここではサンゴ礁そのものについて少し詳しく見ていきます。

まず、サンゴ礁をつくるサンゴですが、お土産品店で売っている「宝石サンゴ」のモモイロサンゴやアカサンゴとはまったく別物です。サンゴ礁の海をいくら捜しても宝石サンゴは見つかりません。宝石サンゴの仲間は水深が二〇m以上、普通は一〇〇～七〇〇mの深海にしか生育しません。そして、礁をつくることもありません。水深数一〇〇mといえば太陽の光も届かない闇の海底です。そこに色のきれいな「宝石サンゴ」がすんでいるとは、自然はまったく不思議ですね。

それに対し、サンゴ礁をつくるサンゴは海面近くにすむイシサンゴの仲間で、イソギンチャクが骨格をもったような生き物です。成長するにつれてサンゴ虫が出す石灰分が体の回りにたまっていき、固い骨（外骨格といいます）ができます。そのために石のような固いサンゴ礁ができるわけです。また、光のない深海ですむ「宝石サンゴ」と違って、褐虫藻と共生しています。褐虫藻は光とサンゴが出す二酸化炭素を利用して光合成を営み、サンゴは逆に褐虫藻が体外に放出した有機物を栄養として取り込むという関係にあるわけです。このように、褐虫藻とサンゴの間に共生関係があるため、サンゴ礁は太陽光線の届く浅くてきれいな海にしかできません。つまり、サンゴ礁のサンゴは、さんさんとふりそそぐ沖縄の太陽を食べて生きているといってもいいでしょう。

世界のサンゴ礁の研究から、イシサンゴ類は海水温が十六〜三十六度、塩分濃度が二十七〜四十パーミルの範囲に生息するといわれています。そして、サンゴ礁ができるには冬の水温が十八度以上あることが必要です。そのような海は赤道をはさんで帯状になっていますが、太平洋、大西洋のどちらも、暖流の流れている西側で広くなっています。とくに、黒潮の流れる太平洋の西側は、世界的にもサンゴの種類が多く、見事なサンゴ礁が発達している地域といわれています。中でも、沖縄県の石垣島付近は、多島海的地形に恵まれており、世界的にもっとも多くの造礁性サンゴの種類が見られる海域の一つになっています。

人びとの暮らしとサンゴ礁

石垣島白保のサンゴ礁を例にとると、サンゴ礁の様子は図2のようになります。前にも少しふれましたが、モクマオウやアダンの生えている砂浜からエメラルドグリーンの「イノー」を経て、白波の立つ「干瀬」、そしてコバルトブルーの外海へと続きます。イノーは全体として浅く、潮の満ち引きによって岩が出てきたり隠れたりします。そして、沖に向かってしだいに背が立たないほど深くなっていきます。そのようなイノーには、点々と

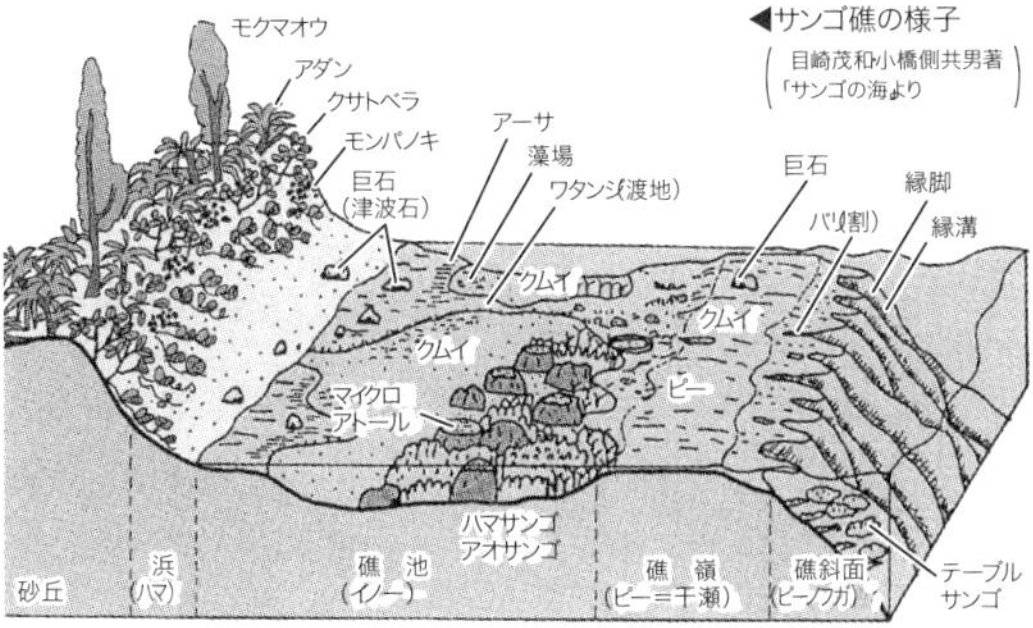

図２　石垣島白保のサンゴ礁立体図（小橋川・目崎、1988より）

サンゴが分布しています。塊状のハマサンゴやキクメイシ、枝状のミドリイシ、葉っぱ状のウスコモンサンゴなど、色とりどりのお花畑を見ているようです。サンゴの回りにはスズメダイ、チョウチョウウオなど、いろいろな熱帯魚も群れています。また、干潮の時には干瀬まで歩いていけるようになる場合があります。このような場所を「ワタンジ」と呼んでいます。漢字で書けば「渡地」でしょう。つまり、「渡るための地面」といったような意味になります。

季節になると、イノーの浅瀬には食用となるアオサ（アーサ）やモズク（スヌイ）などが繁茂し、ヒトエグサ、リュウキュウスガモなどの生える藻場には小魚が群れています。また、砂浜から、イノー、干瀬にかけて多くの種類の貝類も採集できます。

このように、海藻、魚、貝類が豊富なイノーは、貝塚時代の昔から、人びとの暮らしと深い関わりがありました。貝塚時代の遺跡から出土するものを調べると、イノシシの骨に混じって、サンゴ礁に棲むブダイやハタなど魚の骨、タカセガイ、チョウセンサザエ、マガキガイ、イソハマグリなど多くの貝が見られるのです。これらはいまの人びとも採集している海の幸です。また、いまでこそ少なくなりましたが、天然記念物のジュゴンも食用にするほど多く棲んでいたようです。数千年前の昔から、沖縄の島じまに住む人びとにとって、イノーはなくてはならない大切な場所だったわけです。

津波から人びとを救ったサンゴ礁

多良間島、伊良部島、下地島、それに石垣島などの海岸近くを歩くと直径が二～三mほどの岩、また大きなものになると家ほどの岩が転がっているのを見かけることがあります。このような岩石の中には、津波によってよそから運ばれてきたものがあります(図3)。これらの岩石の中に含まれるサンゴの化石を使って数多くの年代測定がなされました。

その結果、約四五〇〇年前から現在までに、先島地方では、少なくとも数回に渡って大津波が発生したであろうことが推定されています。そのうち、一七七一年(明和八)の「明和の大津波」と、約二〇〇〇年前に起こった津波がとくに大きかったと考えられます。

図３ 下地島北海岸の津波石。津波石の左上に見られるノッチは津波によって運ばれる前にできたもの

明和の大津波は、石垣島南東約五〇㎞の海底で起こった大地震（Ｍ七・八）で発生した津波です。明和の大津波を発生させた断層は、長さ六六㎞、幅が三三㎞、滑り量が八ｍと推定されています。津波は石垣島で標高三五ｍまで、黒島で五ｍ、西表島南風見で数ｍ、波照間島で五ｍ、多良間島で一五ｍ、宮古島元島で一一ｍ、伊良部島佐和田で一一ｍまで上がっています。古文書によると、津波によって石垣島各地に打ち上げられた「津波石」としては、「安良大かね」（旧安良村の北東）、「あまたりや潮荒」（伊野田）、「高こるせ石」（大浜）などがあります。「高こるせ石」の一つは、約二〇〇〇年前の大津波で黒石御嶽に打ち上げられ、明和の大津波で現在の位置である「とふりや」に運ばれたものです。

これらの津波石の大きさは、数ｍ～一〇数ｍほどもあり、運ばれた距離は数一〇ｍ～数一〇〇ｍにもおよび

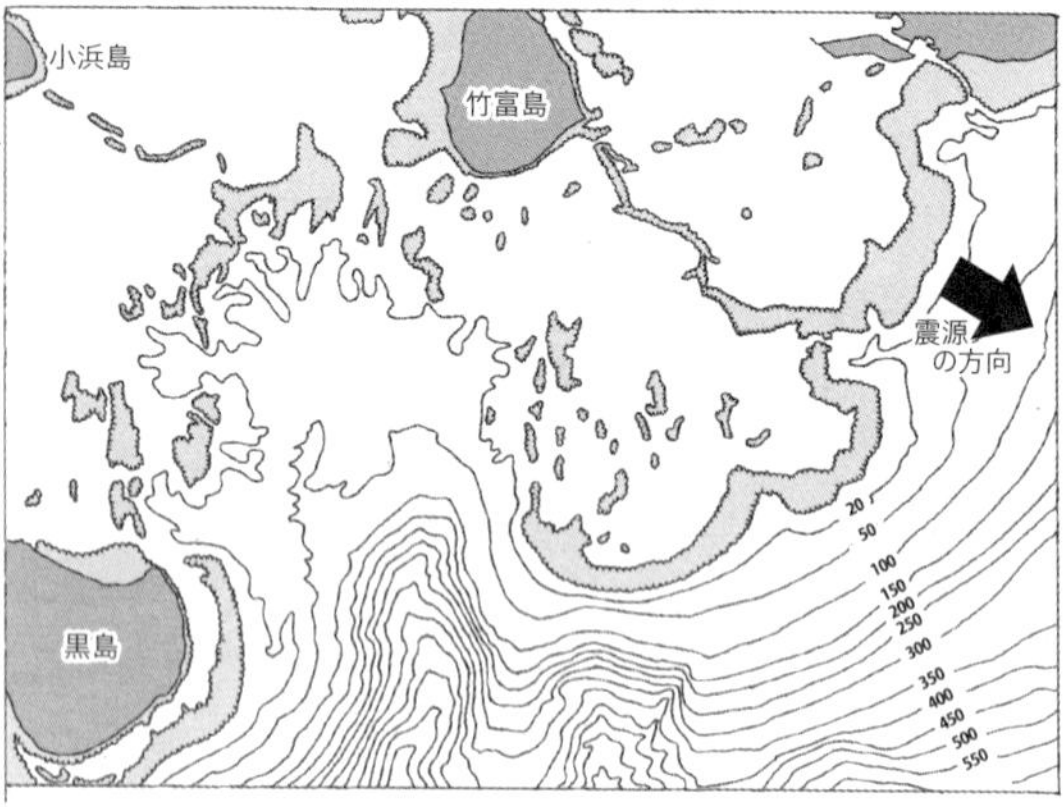

図４　八重山諸島竹富島付近南方の海底地形図（数値は水深をｍで示したもの）

ます。津波のエネルギーの巨大さが想像できます。

　ところで、これまで明和の津波によるといわれてきた石垣島崎原公園の「津波石」は、最近の研究結果では、約二〇〇〇年前の大津波によって打ち上げられたものだと推定されています。また、下地島北海岸の礁原上には多数の岩塊が点在しています。これらの幾つかは津波石だと考えられますが、年代測定をした結果、約五五〇〇〜六五〇〇年前に起こった津波が運んできたものだと推定されています。

　明和の大津波で石垣島地方や宮古島地方は大きな被害を受けました。例えば、石垣島白保村では、人口一五七〇人のうち、一五四六人が亡くなりました。各島の被害は、あわせて一二、

○○○人近くの人びとが亡くなったといわれています。しかし、標高がもっとも高いところで二一mしかない竹富島で一人の死者もなかったのです。すぐ隣にある黒島や新城島も似たような島ですが、津波の被害を被っています。いったいどうしたのでしょうか。じつは、「明和の大津波」から竹富島の人びとを救ったのが島の南に広がるサンゴ礁だったのです。黒島や新城島の回りにあるサンゴ礁は沖縄でもっとも多い裾礁タイプのサンゴ礁です。しかし、竹富島の南に発達するサンゴ礁は、イノー部分が沖の方へ発達し、リーフまでの距離が遠い堡礁タイプなのです。裾礁タイプのサンゴ礁の場合、海岸から干瀬（リーフ）までの距離が数一○○mしかないのに、竹富島の南に広がる堡礁は、リーフまでの距離が七kmほどもあるのです。その間は水深が十m程度の浅い海が続いているわけです。南東から打ち寄せた大津波の巨大な波は、七km沖合のリーフは乗り越えたわけですが、浅い海を伝わってくる間にさしものエネルギーも使い果たし、島までは届かなかったというわけです。竹富島の人びとを大津波から救った立役者が、沖縄では珍しい堡礁タイプのサンゴ礁であったということです。

沖縄のサンゴ礁は、最後の氷河期が終わったあと、約九五○○年前からできはじめました。つまり、九五○○年という長い時間をかけて、ゆっくりとできあがってきたものです。

そして、縄文時代（貝塚時代）からはじまって、現在の観光に至るまで、沖縄の島に住む人びとの生活と、切っても切り離せない関係をつくってきたのです。

■コラム〈最近の研究からわかってきた沖縄付近の大津波〉

本文で触れたように、先島地方では約二〇〇〇年前の大津波や明和の大津波の痕跡などが各地に残っている。

最近の調査でまた新しい痕跡が追加された。それはカラ岳麓の嘉良嶽東貝塚や白保竿根田原遺跡の調査の時である。前者は新石垣空港の北側（標高五〜一〇m）にあり、後者は新石垣空港敷地内の北側一角（標高約三〇m）にある。嘉良嶽東貝塚では二〇〇六年に明和の大津波の痕跡が発見され、白保竿根田原遺跡では二〇一〇年になされた調査で、グスク時代と下田原期の遺物包含層の間に、有孔虫・海産貝類・ウニの棘・カニの脚・軽石等が含まれる砂礫層が発見され、それらは全て海や海岸に由来するもので、約二〇〇〇年前の大津波で遺跡付近まで打ち上げられた層であることがわかった。

一方、沖縄島付近では、塩屋湾や羽地内海に過去二〇〇〇年間で二〜三回の津波の痕跡が見つかっており、恩納村では約四八〇〇年前と約三〇〇〇年前の津波の痕跡が発見されている。また、北谷町伊礼原遺跡では縄文時代後期（約四〇〇〇～三〇〇〇年前）と弥生時代後期（約一九〇〇～一七〇〇年前）の津波跡が、そしてうるま市から南城市にかけての東海岸一帯には約三四〇〇年前の津波襲来が報告されている。それから、恩納村内にはいろいろな時代の遺物が散布する海岸があちこちに見られる。あるいはこの事実も遺跡が津波の影響を受けた証かも知れない。

以上の事実以外にも津波石あるいは津波堆積物と推定される岩塊やビーチロックが各地の海岸（伊平屋島、伊是名村具志川島、今帰仁村、本部町、恩納村、うるま市宮城島等）で見つかってきており、今後さら過去の津波についての詳しい研究がなされることが期待される。

津波で打ち上げられた軽石層（白保竿根原遺跡）

サンゴ礁は海の中の熱帯雨林

白い砂浜の話からはじまって、人びとの暮らしとの関わりまで、いろいろな点からサンゴ礁を見てきました。ここであらためて「サンゴ礁とは何か？」と聞かれたとき、皆さんなら何と答えますか。私なら「海の中の熱帯雨林」と答えます。

陸の上の熱帯雨林との共通点は、まず一つ目に、どちらも生態系から見たらもっとも高い多様性をもつことです。二つ目はどちらも低緯度にあること、そして三つ目は大気中の二酸化炭素を固定するのに大切な役割を持つことです。つまり、いま全地球的規模で問題になっている「地球温暖化」にたいへん深い関わりがあるわけです。

地球が誕生した最初の頃、地球をとりまく大気のほとんどは二酸化炭素でできていました。それをいまの酸素の多い大気に変えたのが海で、生まれた緑色植物であることはよく知られています。緑色植物は進化して陸上に広がりました。そのお陰でいまの陸上は私たちが住めるような環境にまで変化しているわけです。しかし、いまから何億年も前から、海水中の二酸化炭素を取り込み、地球の環境を支えてきた動物たちのことを知る人は、そう多くはありません。じつはその代表が四億数一〇〇〇万年前に地球上に現れたサンゴの仲間なのです。

しかし、いま地球は日本も含めて先進国による二酸化炭素排出量の増加、発展途上国による工業生産の急増や焼き畑農業、パルプ材の過剰伐採などによる熱帯雨林の急激な減少など、国際社会では大きな問題となっています。一方、私たちが住む沖縄では、辺野古沖の飛行場建設に代表される基地問題、恩納岳での演習による山の裸地化、農業や道路建設などによる赤土の流出、海岸の埋め立て、オニヒトデによるサンゴの食害等々、沖縄のサンゴ礁はいま危機に瀕しています。現在では、年間六五八万人余の観光客が沖縄を訪れるようになっていますが、その多くはサンゴ礁の見られる美しい島が魅力でやってくるのだと思います。海からサンゴ礁が消えた暁には、沖縄はいったいどうなるでしょうか。想像しただけで身震いがします。

第二章　サンゴ礁の海から陸へ

むかしの渚の証言者―ビーチロック―

沖縄の砂浜を波打ち際に沿って歩いていると、ときどき周囲の岩石とは少し違った石を見かけることがあります。このような岩石をビーチロック、または海浜岩と呼んでいます（図5）。他県では石川県の珠洲市、長崎県の五島列島、鹿児島県の大隅半島、それに千葉県の館山市などでもわずかに見られます。しかし、その多くは奄美大島以南の島じまの海岸線に分布する、琉球列島に特有な岩石です。海岸線に沿って潮間帯に分布するものが多く、現在の砂浜と同じ成分の砂や礫が、炭酸カルシウム（アラレ石および高マグネシウム方解石）で固まってできた岩石です。その多くは、五〜三〇度で海に向かって傾斜し、厚さが数㎝〜三〇㎝ほどの板を何枚か重ねたように見えます。全体の厚さは最大で三mほどです。ビーチロックの表面は一見固そうに見えます。しかしハンマーで叩くと、すぐにこわれ、中はもろく軟らかいままのものが多いようです。つまり、表面からしだいに固くなってでき

図５　潮間帯ビーチロック（大宜味村、辺土名高校北側の海

た岩石というわけです。このような現象を表面硬化作用（ケースハードニング）といいます。新しい時代の石灰質の岩石に特徴的なことです。

ビーチロックのでき方については、これまでの研究から、気温が高い日中の低潮時に、海水が蒸発し、海水中にあった炭酸カルシウムが結晶となってまわりにある海浜の砂礫を固めたものだと考えられています。つまり沖縄県のように日差しの強い地域にできやすい岩石だといえます。

ビーチロックのできた年代は、含まれる歴史的遺物を使って決定する場合や、サンゴや貝殻などを利用して、放射性炭素法と呼ばれる方法により測定がなされます。

ビーチロックの年代値は、古いものでは本部町備瀬崎の約七、七〇〇年前、五島列島奈留島の約六四〇〇年前、糸満市喜屋武海岸の五一〇〇年前などがあり、新しいものでは恩納村真栄田漁港の五五〇〇年前、また、ときには銀製の櫛や醤油瓶などが含まれていて、かなり最近固まったビーチロックもあるようです。（注　本章で使用した年代測定値で数千年前の

ものはことわりがなければ補正を加えた歴年代値である）

これまでに求められてきた年代を整理した結果、ビーチロックは、七七〇〇～五八〇〇年前、五三〇〇～三三〇〇年前、二一〇〇～一〇〇〇年前、そして五〇〇～現在の四つの時期に区分されています。ただし、最近ビーチロックの新しい年代測定値がどんどん増えてきています。そのため、この区分値も将来変わる可能性があります。いずれにしても、ビーチロックは縄文時代から現在にかけて潮間帯でできた特殊な岩石で、過去数一〇〇〇年間の海岸線の変遷を知るのに役に立つわけです。つまり、ビーチロックは「渚の化石」、むかしの海岸線の位置を語ってくれる証言者ということになります。

ところで、一般的に完新世（一万年前～現在）の海岸線の位置は、地球的な規模での海面変動、各島固有の地殻変動、および島の大きさの違いによるハイドロアイソスタシー効果（35頁地学コラム参照）の総計で最終的な海水準の高度が決まります。その結果、私たちが見ている過去の海面の変動は、詳しく観察すると、島ごとにいくらか違った変動を示しています。このような海面変動を「相対的な海面変動」といいます。つまり、私たちは各島の海岸で、見かけ上の「相対的な海面変動」を見ているわけです。

沖縄島や石垣島のように大きな島では、ハイドロアイソスタシー効果も加わって、七二〇〇年〜六〇〇〇年前に相対的な海水準がもっとも高くなりますが、小さな島ではハイドロアイソスタシー効果による影響が小さくて、約六一〇〇年〜四〇〇〇年前に相対的な海水面がもっとも高くなったと考えられています。ただし、正確にいいますと、沖縄島や石垣島のすべての海岸でこのような現象が見られるかというと、そうではなく、隆起運動が活発な沖縄島南部や石垣島南東部にその特徴がよく現れています。

以上のことを念頭にして、過去数一〇〇〇年間の海面変動とビーチロックとの関係を考えてみましょう。

ビーチロックの中には数一〇〇〇年前の年代を示すビーチロックがあり、現在の波打ち際より高い位置に分布しているものがあります。その場合は、その地域におけるむかしの海水準は相対的に高かったと考えられます。

それから他の例では、国頭村辺土名の北側の海岸線を空中写真で見ると、水深数ｍの海底にビーチロックが認められます。さきに見てきた通り、ビーチロックは潮間帯でできるわけですから、このビーチロックは、海岸線が数ｍ低かった時代にできたものであることが考えられます。恐らく最終氷期が終わって、海水面がしだいに上昇してくる過程で、約七〇〇〇〜八〇〇〇年前に形成されたものと推定されます。このように沈水したビーチロックは世界的にも珍しいものです。また、大宜味村津波には砂礫が固結した砂嘴状のビーチロックが見られますが、これも現在よりいくらか海水面が低い時代のものだと思われます。

さらに、海岸の砂丘に埋まったビーチロックも発見されています。たとえば、名護市屋我地島の北海岸、古宇利島に渡る古宇利大橋のたもとに大堂原遺跡があります。砂丘に埋まった縄文時代の遺跡ですが、伊波式土器の出る層と曽畑式土器の出る層の間にビーチロックが挟まれているのです。約四六〇〇年前に堆積した砂層がビーチロックになったものです。ビーチロックは海抜が五〇cmのところにあります。このことから、当時の海面は現在の海面とほぼ同じ高さにあったことが推定されます。また、大堂原遺跡では、海抜マイナス一・四mのところに、縄文時代前期（一緒に出土する土器から六〇〇〇年以上前と推定される）に埋葬された人骨が発見されています。

人骨の埋葬は当然陸上でなされたはずですから、この事実は、約六〇〇〇年余り前の相対的な海水準が現在の海面よりも低かったことを示しています（ただし、どの程度低かったかは、これだけではわかりません）。これらの事実から、大堂原での相対的な海水準変動は、最後の氷河期（約二万年前）以降上昇の一途をたどり、約六〇〇〇年余り前には現在の海面より下にありましたが、約四六〇〇年前にはほぼ現在の海面の高さになったと推定されます。このような特徴をもつ大堂原は、沖縄島南部に比べて地殻変動があまり活発でなかったために、地域的な隆起運動が海水準変動に大きな影響を及ぼさなかったものと思われます（大堂原遺跡関係の数値は未補正値）。

■コラム〈ハイドロアイソスタシーの海水準変化におよぼす効果〉

氷期と間氷期の海水量の違いで海底におよぼす圧力が変化し、それに応じてマントル内に流動が生まれ、陸や海底が昇降運動をする。この現象をハイドロアイソスタシーという。約二万年前の最終氷期が終わると、大陸の氷河が融けて大洋の海水量が増加し、その荷重でマントルが流動をはじめた。その流動によって、大洋底は沈降し、周辺地域は隆起した。そのために、氷河が融けることによって起こった海水面の上昇は、大洋の中心では海底の沈降による効果で遅れて表れ、一方、周辺地域では陸地が上昇するため、見かけの海水面は過去のある時期（数一〇〇〇年前）にすでにピークに達した形となる。

このハイドロアイソスタシーが見かけの海水準の変化に及ぼす効果は、大きい島ほど顕著であり、早い時期に海水準のピークが表れるという。このハイドロアイソスタシーによる効果に、島ごとの地殻変動の影響が加わって地域ごとの海水準の高度が決まる。

離水ノッチと離水サンゴ礁

サンゴ礁の広がる海岸に立つと、石灰岩にへこみがあるのをよく見かけます。このようなへこみをノッチと呼んでいます。岩の形がキノコ状になったものをマッシュルームロック（きのこ岩）といいます。岩にへこみができる理由は、一つは波による物理的浸食作用、二つ目は海水による溶食作用、三つ目はカサガイやヒザラガイなど潮間帯生物による岩の削り取り作用などが考えられます。そのうち、生物による浸食作用は、ノッチの形成に際して大きな役割を果たしています。いずれにしても、ノッチの形成は海水面の高さ付近でおこることで、ビーチロックと同様に渚の証言者といえます。ここでは離水したノッチと離水したサンゴ礁の相互関連からわかる島じまの相対的な海面変動や地殻変動について述べることにします。

ノッチの最もへこんだ所は「ノッチ後退点」と呼ばれています。現在形成されているノッチの後退点高度は、現在の海水面（満潮位と干潮位の間の平均潮位または平均海面）の高さか、それよりいくらか高い位置に分布しています。しかし、ときには大潮時の満潮になっても海水が届かないような高い位置にノッチの後退点高度が見られる場合があります。これを「離水ノッチ」といいます（図6）。離水ノッチができるのは、前述した相対的な海水準高

図６　離水ノッチ。周りには草が生えていることから離水していることがわかる（八重瀬町具志頭城下の海岸）

度が大潮の時の満潮位よりも高い場合です。以上のことから、ノッチの後退点高度を知ることで、各地域の相対的な海水準高度を知ることが可能になり、さらに、その地域の地殻変動の度合いやハイドロアイソスタシー効果の有無も検討することができるわけです。

　沖縄島南部、八重瀬町具志頭の海岸には、完新世のサンゴ礁が発達しています。表層のサンゴ礁やサンゴ礁のボーリングの結果、次のようなことがわかりました。この地域にある完新世サンゴ礁は、水深約一〇〜一五mの平坦面を基盤にして、約八五〇〇年前に成長を開始しました。そのころは、約二万年前の最終氷期以後の海面上昇の途中でしたので、サンゴ礁は、上昇する海面に追いつこうと、上へ上へと成長していきました。その後、相対的な海水準は安定し、約七二〇〇年〜六三〇〇年前に、最初のサンゴ礁が当時の海岸の縁に沿ってできました。その後も海水準は相対的に安定していましたが、隆起運動が続いていましたので、その後のサンゴ礁は、最初に出来たサンゴ礁の沖側に成長しました。沖側に出来たサンゴ礁の時期は、約六二〇〇～四〇〇〇年前（二分される場合は約六二〇〇～五七〇〇年前と約五〇〇〇～四〇〇〇年前）と約二〇〇〇年前以降の二回です。

一方、最近の詳しい研究によると、具志頭海岸には五段の離水ノッチが確認されています。最も高いノッチの後退点高度は約四・四mですが、五段の離水ノッチ群と前述した三つのサンゴ礁との対応関係は明確にはなっていません。しかし、約七二〇〇～六三〇〇年前の頃の海水準に対応する離水ノッチの後退点高度が四m以上に及んでいることから、具志頭海岸一帯は活発な地殻変動域であることがわかります。

久米島の北西～北海岸一帯には、完新世の離水サンゴ礁が発達しています。最近の詳しい研究によると、この地域には六段の離水ノッチが確認できます。そのうちで、最も高いノッチの後退点高度は約四・四～五mで、沖縄島南部の具志頭海岸で見られる最も高い位置にある離水ノッチと同じかそれ以上の高度を示しています。一方、南海岸の鳥島では、詳しい研究の結果、四段の離水ノッチが確認されています。しかし、北海岸にある六段の離水ノッチとの確かな対応関係はわかっていません。

ところで、南海岸では離水ノッチやサンゴ礁の高度が、北海岸に比べて全体として低くなっています。ということは、相対的に島の北側がより隆起し、南側に傾き下がる地殻変動が起きたということになります。このようにある方向に傾き下がる地殻変動を「傾動運動」といいます。つまり、久米島では北から南への傾動運動が見られるわけです。

　北西海岸での離水サンゴ礁は、従来、約六一〇〇〜二一〇〇年前のサンゴ礁と、約一九〇〇〜一六〇〇年前のサンゴ礁に区分されてきましたが、最近の研究では、古い方のサンゴ礁は少なくとも二つに区分されそうです。

　前に述べたように、離水ノッチの後退点高度から考えると、久米島の北海岸は、沖縄島南部の具志頭海岸と同程度か、あるいはそれ以上の隆起地域です。それ故、具志頭海岸と同様に、最初の離水サンゴ礁である約七二〇〇〜六三〇〇年前の離水サンゴ礁が発達していてもおかしくありません。しかし、それが見られず、約六一〇〇年より新しい離水サンゴ礁しか発達していません。この要因は久米島が相対的に小さい島であるために、ハイドロアイソスタシー効果が小さくて高海水準になる時期が遅れたものと考えられています。

　次に石垣島での例を見ましょう。石垣島から西表島にかけてのノッチの高さを調べてみると、ノッチの後退点高度は三〜四段に区分できますが、それらは全体として大浜海岸付近の離水ノッチを中心として、北西に行くにしたがって低くなっています。つまり、南東から北西へ傾動運動をしているわけです。このような傾動運動を引き起こした要因は、過去に先島地方に大きな地震をもたらした地殻変動に求められます。過去に起こった大地震については第一章でも触れました。いま一度見てみますと、八重山諸島や宮古諸島では、過去数一〇〇〇年の間に、「明和の大津波」（一七七一年）や約二〇〇〇年前の津波を含め、数回の大津波が襲来しました。これらの大津波は、琉球海溝の陸側の海底に発達している水深二〇〇〇mの深海平坦面の陸側周辺部で起きた逆断層（41頁コラム）と、それに伴う大規模な海底地すべりがその要因と考えられています。さて、海底で逆断層が起きますと、その影響は陸上まで及びます。これがさきほどの傾動運動を引き起こした原因と考えられます。つまり、逆断層の形成によって震源の北側が隆起しますが、震源に近い大浜海岸地域がより大きく隆起したために北西側（西表島側）に傾く傾動運動となって表れ、それが離水ノッチの後退点高度の違いとなっているわけです。

以上のように、各島で見てきた離水ノッチと離水サンゴ礁との相互関連から、島じまの相対的な海面変動や地殻変動が推定できました。それらの要因は、地域によっていくらか違いますが、琉球海溝に潜り込むプレートの運動、沖縄トラフの変動、島ごとの地質の特徴などがその要因として考えられます。

■コラム〈断層と褶曲〉

岩石に力が加わって壊れ、壊れた面に沿ってずれが生じたものを断層という。引っ張りの力で縦方向にずれが生じたものは　正断層（重力断層）となり、圧縮の力を受けてのし上がる形でできたものは　逆断層となる。逆断層の中で断層面が低角度（四十五度以下）のものをとくに衝上断層という。縦方向のずれがなく、横方向にずれの見られる場合を　横ずれ断層という。琉球列島を北西から南東方向に切っている「胴切り断層」は、横ずれ断層である。横ずれ断層には右ずれと左ずれの二種類があり、ケラマ海列は左横ずれ断層である。岩石に力が加わっても、破壊することなく折れ曲がった状態になったものが褶曲である。形態によって、対称褶曲、非対称褶曲、横臥褶曲などに分類されている。

陸に上がった昔のサンゴ礁〈琉球石灰岩の種類〉

これまで見てきた離水ビーチロック、離水ノッチおよび離水サンゴ礁では、島の歴史について、せいぜい一万年前までのことしかわかりません。さらに昔のこととなると別の方法を使って調べなければなりません。次はその方法について見ていきます。

海岸でノッチの見られる石灰岩をよく見ると、ときどきサンゴの化石が含まれていたりします。また、採集し持ち帰って顕微鏡で詳しく調べると、砂浜の砂と同じような有孔虫がたくさん含まれています。つまり、この岩石は昔のイノーの砂、サンゴ礁、また島の周囲の海底に積もった石灰質の砂や砂利が固まってできたものなのです。このような岩石を私たちは「琉球石灰岩」と呼んでいます。琉球石灰岩は、沖縄の島じまに人びとが住むよりはるか以前、いまから一六五万年〜一二万年前に、サンゴ礁やその周辺の海に堆積した地層が隆起して陸上に現れたものなのです。古いものから順に、「那覇石灰岩」「読谷石灰岩」「牧港石灰岩」に分けられています。ただし琉球石灰岩の区分は研究者によって違います。たとえば、那覇石灰岩と読谷石灰岩を一緒にして「琉球石灰岩」と呼んで、牧港石灰岩は「段丘石灰岩」とする場合もあります。ここでは最初に名付けたマクニールの分類に従っておきます。

那覇石灰岩はもっとも広く分布するタイプで、貝化石、石灰藻球、サンゴ片、大型の有孔虫であるサイクロクリペウスやオパキュリナなどを特徴的に含む石灰岩です。そして、沖縄市より北の地域では下部の方に比較的やわらかい石灰質の砂層や非石灰質の砂礫層を伴っています。読谷石灰岩はサンゴ化石が多いのが特徴です。また、牧港石灰岩はバキュロジプシナ（星砂）やカルカリナ（太陽の砂）など、有孔虫がたくさん集まってできた粟おこし状の岩石で、「粟石石灰岩」ともいわれます。

琉球石灰岩が見られるのは海岸の近くだけではありません。島のずっと中の方まで分布しています。沖縄県全体でいうと、島の全面積の約三分の一は琉球石灰岩で占められているのです。なかには宮古島のように島全体が琉球石灰岩でおおわれている場合もあります。つまり、琉球石灰岩は沖縄を代表する岩石といえるわけです。

琉球石灰岩は、堆積岩（地層をつくる岩石）の一種です。堆積岩は一般的に海底に積もって出来ます。琉球石灰岩を詳しく調べることで、いまから約一六五万年前までさかのぼって、むかしの海の分布を知ったり、島じまの生い立ちを知ることができるわけです。それについては第四、五章で詳しく述べることにして、次に琉球石灰岩のフィシャー（割れ目）から発見された人骨化石について触れておきます。

港川人発見！

これまで海岸にあるノッチやビーチロックの観察から、海岸線の変化するようすを見てきました。その結果、数一〇〇〇年前の縄文時代から現在にかけての海岸線の変化をある程度とらえることができました。数一〇〇〇年前、沖縄の島じまには各地で縄文人に相当する人びとが広い範囲に住んでいたことがわかっています。たとえば、北は伊平屋村の久里原貝塚（縄文前期）から、ヤブチ式土器が見つかった約六七〇〇年前の読谷村渡具知東原遺跡、さらに知念村の熱田原貝塚（縄文後期）など、沖縄島全域にまたがっています。また、先島地方でも石垣市にある約四〇〇〇年前の大田原遺跡（縄文後期）、波照間島の約三六〇〇年前の下田原貝塚（縄文後期）などがあります（ここでの年代は未補正値）。

さらにさかのぼっていきますと、一万年前からさきは氷河時代（更新世）に入ります。そのころのようすは琉球石灰岩にできた鍾乳洞やフィシャー（割れ目）中の堆積物に含まれる化石を研究することなどがわかってきました。

一九六八年（昭和四三）、旧具志頭村（現八重瀬町）港川にある牧港石灰岩のフィシャーから、那覇市に住む実業家で化石調査を趣味とする大山盛保さんによってはじめて人骨化石が発見されました。その発見のいきさつはなかなか興味あることなので少し詳しく述べてみます（図7）。

一九六七年（昭和四二）の暮れ、大山さんは自宅の石べいをつくるために港川の石切場から切り出した「粟石」（牧港石灰岩の石材名）を買いました。前にも述べましたが、この粟石は琉球石灰岩の仲間ではもっとも新しいタイプで、およそ十二、三万年前の牧港石灰岩です。当時、この石灰岩を切り出して「粟石」として盛んに売り出していたわけです。そして、石材としてはあまり質の良くないものの中に、偶然にも動物の化石を発見したのです。かねてから化石や遺跡などに興味をもっていた大山さんは、さっそく石切場に出かけ、他に化石がないか一生懸命フィシャー中の赤土の中を捜しました。すると、出るわ出るわ、シカ化石をはじめ、いろいろな動物の化石が赤土の中から見つかりました。また、当時としては初めてのイノシシ化石の発見もありました。化石採集家冥利につきるといったところだったようです。

図７　港川フィッシャー遺跡（八重瀬町港川）

このようにたくさんの動物化石が出てくることから、大山さんはきっとそれを食べて生活していた人間がいただろうと考えました。大山さんはシカやイノシシを追って野山を駆け回る人びとを想像し、その姿にアメリカ旅行で見た草原の野牛の姿が重なって見えたということです。

大山さんは必ず人骨が見つかると信じ、もくもくと掘り続けました。そして、あくる一九六八年の三月、とうとう人骨を発見したのです。一緒に出土した木炭から年代も測定され、約一万八二五〇年前という結果が得られました。つまり、後期旧石器時代の人骨であることがわかったわけです。その後、一九七〇年（昭和四五）にも完全に近い人骨が発見され、最終的には合計五体以上の人骨が見つかったことになります。発見された人骨は「港川人」と命名されました。これほど多くの人骨が見つかることはたいへん珍しいことで、日本でもっとも重要な更新世人類化石人骨となっています。

港川人が見た島じま

港川人が発見されたのと相前後して、県内各地で更新世人骨が次々と発見されました。たとえば、一九六二年（昭和三七）に伊江島のカダ原洞で、一九六四年（昭和三九）に宜野湾市の大山洞穴、一九六六年（昭和四一）北谷町の桃原洞穴、一九六八年（昭和四三）那覇市の山下町第一洞、一九七八年（昭和五三）に久米島の下地原洞穴、一九七六年（昭和五一）伊江島のゴヘズ洞、一九七九年（昭和五四）宮古島のピンザアブ洞穴があります。このうち年代が測定されたのは、山下町第一洞穴の約三万二〇〇〇年前、ピンザアブの二万六〇〇〇年前、下地原洞穴の一万五〇〇〇〜一万六〇〇〇年前があります。また、最近では二〇一〇年に石垣島の白保竿根田原遺跡で約二万四〇〇〇年前の人骨が発見されました。骨から直接求められた年代としては、日本最古の人骨となります。

約一七〇万年前から現在までの時代を第四紀といいます。そのうち、いまから一万年前までを更新世、それ以後現在までが完新世です。更新世という時代は何回かにわたって寒冷期（氷期）と温暖期（間氷期）が繰り返された時代で、別名「氷河時代」ともいわれます。そのうちで、最後の氷期（ウルム氷期ともいう）のピークは、約二万年前にあります。ですから、さきほど述べた沖縄県の更新世人骨は、いずれも最終氷期前後の時代ということになります。

その当時の海岸線は、いまよりもはるかに低く、マイナス約一二〇mのところにあったといわれています。つまり、港川人が発見された港川フィッシャーは、当時は海抜一二〇

図8．港川人が見た島じま。約２万年前の海岸線

m以上の台地にあったことになります。いまより海水面が約一二〇m下がると、沖縄島周辺にある島じまはもちろん、慶良間諸島まで陸続きになります。また、渡名喜島および久米島も陸続きになった可能性があります（図8）。しかし、粟国島と伊是名・伊平屋島はつながりません。

いずれにしてもいまの陸地よりかなり大きな島があったことは確かです。港川人はイノシシやシカ狩りをしながらこのような島の風景を見ていたのでしょう。そして、ときには未知の世界を求めて現在の沖縄島から久米島や伊江島まで旅をした港川人がいたのではないでしょうか。その中のあるものが久米島や伊江島に住みつき、下地原洞穴人やカダ原洞窟人になったのではないか、と想像してみるのもまた楽しいものです。

第三章　人びとの暮らしと石──琉球石灰岩について

　前章でも述べたように、琉球石灰岩は沖縄県の代表的な岩石です。そのために、琉球石灰岩と私たちの生活は切っても切り離せない関係があります。この章ではそのことについて少し詳しくお話ししましょう。

赤瓦と石垣の風景

　石垣港から高速定期船で約一〇分、「星砂の島」として知られる竹富島に着きます。島の中を歩いて目にとまるものは、海砂を敷き詰めた眩しいばかりの道、その両側に無造作に積み上げた背の高さほどのサンゴ石の石垣、そしてその風景におさまる赤瓦の家々です。この景観は、「竹富島重要伝統的建造物群」として町を挙げて保存してきたもので、昔の沖縄の町並みが残るたいへん貴重な文化遺産です。竹富島のこの風景は、亜熱帯の真夏の太陽が輝くとき、入道雲を産む青い空や海とのコントラストが何とも言えず美しく、また郷愁を誘うものです。

　この沖縄を代表する赤瓦、その瓦のつなぎ目に塗られているのが真っ白な漆喰です。これが赤瓦を一段と引き立たせているのではないでしょうか。じつは、この漆喰をつくるとき、以前はサンゴやサンゴ化石の含まれる石灰岩が利用されたのです。サンゴや石灰岩を焼き、水をかけて消石灰の粉末をつくり、藁とまぜて漆喰をつくりました。つまり、沖縄の原風景である石垣や赤瓦屋根もまたサンゴと関係が深かったわけです。

　古都首里の町を散策してみます。首里城から南に下りると金城町の石畳が続いています。そこに敷き詰められた石はすべて琉球石灰岩です。また、首里城の石垣、園比屋武御嶽、天女橋の敷石、これらはいずれも琉球石灰岩です。また、県内に数多くあるグスクの石垣、それに現在ではホテルや公的建造物の多くにも琉球石灰岩が利用されています。

　このように、琉球石灰岩は沖縄の代表的な石材です。とくに石材として品質の良い琉球石灰岩は、トラバーチンという石材名で大正九年から建設がはじまった帝国議会議事堂（現国会議事堂）にも使用されました。「琉球石」と呼ばれ、中央広間の壁や傍聴人階段の壁に使われました。石材は、本部町の瀬底島、勝連町平敷屋、今帰仁村それに宮古島から切り出され、東京に送られたようです。トラバーチンの多くは那覇石灰岩タイプのものです。

図９　海岸の石灰岩を切り出した跡（読谷村残波）

それから粟石または港川石ともいわれる牧港石灰岩は、昔から那覇・南部一帯では石材として知られ、民家の石塀やヒンプンなどに利用されてきました。また、集落の近くの海岸にある琉球石灰岩を切り出し、民家の塀やヒンプンなどに利用している場合もあります（図9）。それから、読谷石灰岩のように軟らかい場合は、「イシグー（石粉）」の名で道路舗装工事の路盤材として広く利用されています。

ところで、イシグーについては面白い話を聞いたことがあります。太平洋戦争前、テニスコートをつくる際に、イシグーを敷いてローラーをかけ、その上に海岸に生えているネナシカズラを取ってきて、その絞り汁をまくと、不思議や不思議、イシグーが固まり、立派なコートができたそうです。ものの少ない時代、人びとが考え出した生活の知恵ですね。それから余談ですが、最近恩納村にある白雲荘裏の海岸で、琉球王府時代の宿道が見つかりました。その宿道の一部が、厚さ二〇㎝余り、幅が二m以上の板状になった石灰岩でできているのです。このような大きな石灰岩を切り出す崖は近くにありません。また、ビーチロックにしては赤土の上に乗っているのが不思議でした。

結局、いろいろと考えた結果、道路に敷いたイシグーが、長い年月雨風に曝されている間に、ビーチロックのように固まったものであるということに落ち着きました。天然の舗装道路といったところです。あるいは、テニスコートのように、ネナシカズラの絞り汁を撒くという智恵を、島の人びとは何百年も前から持っていたのでしょうか。

暮らしの水 ―地下水―

首里の町を散策すると、たくさんの井戸があることに気付きます。これらの井戸はヒージャー（樋川）と呼ばれ、琉球石灰岩の下から湧き出る地下水を溜めたものです。首里城内の龍樋、日本百名泉に選ばれた玉城村の垣花ヒージャー、金武村の大川、宮古島のムイガーなど、みなこのような湧水の一つです。このようなヒージャーは、昔から人びとの飲料水として広く利用されてきました。ですから、湧水の周りには自ずと人びとが集まり集落ができてきたわけです。私が住んでいる首里金城町では、かつてヒージャーの水を利

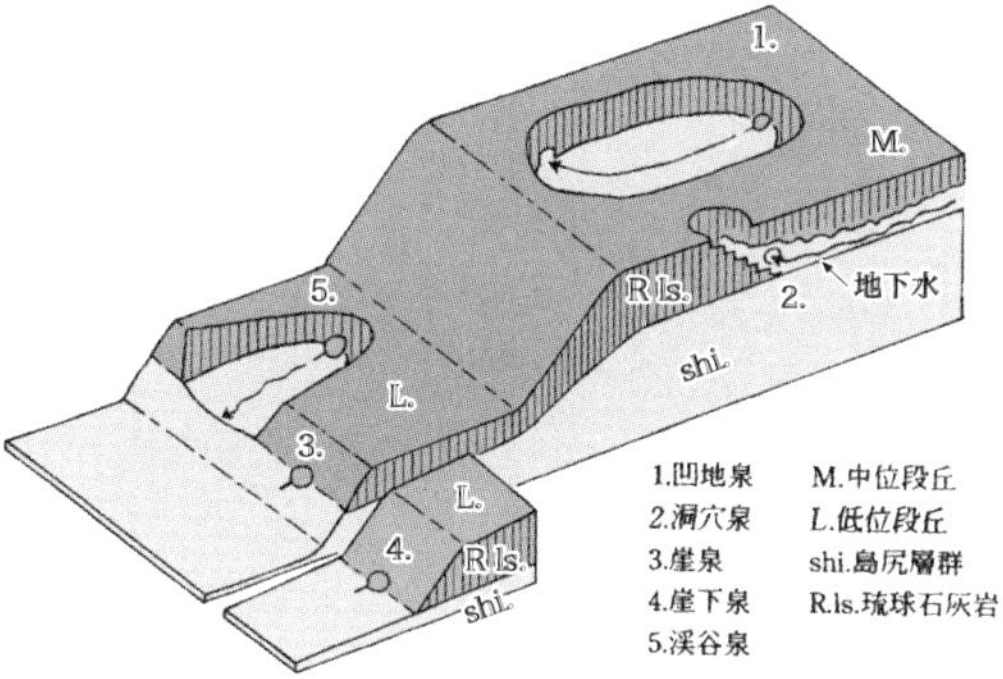

図10　いろいろなタイプの湧水〜島尻層と琉球石灰岩の関係（上原、2000より）

用して十七世紀末ごろには和紙が漉かれ、私が小さいころには「もやし」が栽培されていました。いまでも懐かしく思い出されます。

では、なぜ琉球石灰岩の下から水が湧いてくるのでしょうか。これは琉球石灰岩の性質によるのです。琉球石灰岩が地表に露出しているところで石灰岩の面つきをよく見てみましょう。普通の岩石と違って穴がたくさん空いているのに気が付くでしょう。この穴のために、琉球石灰岩の上に降った雨は地下にしみ込み、地下水となるわけです。このように雨水をよく通す層を透水層といいます。つまり、琉球石灰岩は透水層ということです。

一方、琉球石灰岩の下には地下水を通さない地層（これを不透水層といいます）があります。沖縄島南部や宮古島では、不透水層は島尻層と呼ばれる地層からなります。この地層については第六章で詳しくお話しします。

さて、琉球石灰岩にしみ込んでいった地下水は、島尻層との境目までしみ込むと、そこから先はもうしみ込むことができません。ですから、地下水は境目に沿って横の方へ流れていきます。そして、その先が地表に現れてくるところで湧き水（泉）となり、地表に出てきます。それがヒージャーというわけです（図10）。

地下ダム

ところで、琉球石灰岩の中を流れている地下水を地下で堰き止めたらどうなるでしょうか。このような発想から計画されたのが地下ダムです。つまり、地表にある川を堰き止めることでダムができますが、それと同様に地下水を地下で堰き止めてダムをこしらえるというわけです。これがはじめて実施に移されたのは宮古島です。前にも述べましたが宮古島は島全体が琉球石灰岩に覆われています。ですから、宮古島には川がなく、島の水はすべて地下水に頼っています。そのために、宮古島は干ばつに弱く、永い日照りが続くと灌漑用水が足りず、畑はすぐカラカラになってしまうわけです。そこで、一九七九年（昭和五四）、灌漑用水を得る目的で世界はじめての地下ダムが建設されました。それが皆福地下ダムです。その後、砂川ダム、福里ダムとできました。いまでは、沖縄島の糸満市ギーザバンタや米須、うるま市の内間、久米島の山里、伊是名島の内花にもできています。

ところで、宮古島のように灌漑用水を地下水だけに頼っている地域では、畑に撒いた灌漑用水に農薬や化学肥料などが溶け、地下に浸透し地下ダムに貯まります。それが再び汲み上げられて、地表に散布されます。ですから、しだいに危険な化学物質の濃集が起こります。地下ダム利用のマイナス面です。例えば、二〇〇五年一一月の新聞報道みると、宮古島の主な取水地となっている白川田水源流域の塩素イオン濃度が、二年前の二〜五倍に上昇しているという記事が載っていました。このような地下水の汚染を防ぐために、いろいろと試みがなされているわけですが、その一つが宮古農林高校生による活動で、世界的にも認められ、「水のノーベル賞」を受けたのは記憶に新しいところです。自然の開発利用と破壊・公害は常に背中合わせのところにあることを、私たちはいつも念頭に置かなければなりません。

鍾乳洞

透水層である琉球石灰岩の中は常に地下水が流れています。ですから、地下には水の流れが網の目状に発達しているはずです。そのような地下水の流れがいくつも集まってしだいに大きくなり、「地下の川」となります。そのような地下の川が流れるところには鍾乳洞ができていきます。琉球石灰岩が分布している地域には鍾乳洞がいくつも見られます。その数は県全体で数一〇〇とも一〇〇〇ともいわれ、確かな数はよくわかっていませんが、かなりの数の鍾乳洞があることは確かです。そのうちで、南城市前川（旧玉城村）にある玉泉洞は、総延長が五〇〇〇m以上もあり、国内で二番目に長いことで有名です。現在、玉泉洞は観光洞として開発され、毎年何万という観光客でにぎわっています。

それでは鍾乳洞の中を探検してみましょう。鍾乳洞に入ってすぐ目にするのはいろいろな種類の鍾乳石です。天井からつららや槍のように垂れ下がっている石があります。これを「つらら石」といいます。つらら石のできたての小さなものをストローといいます。つらら石の下には反対に上に向かって竹の子（筍）が生えているような石があります。これが「石筍」です。つらら石は、天井からしたたり落ちる水が蒸発するときに、石灰分がわずかずつ溜まってできます。その滴りが洞の床に落ちて、そこで石灰分が少しずつ積もったものが石筍です。つらら石と石筍がしだいに成長し、互いにひっついて天井から床までつながったものが「石柱」です。これらの三つが鍾乳洞の中で見られる一般的な鍾乳石で

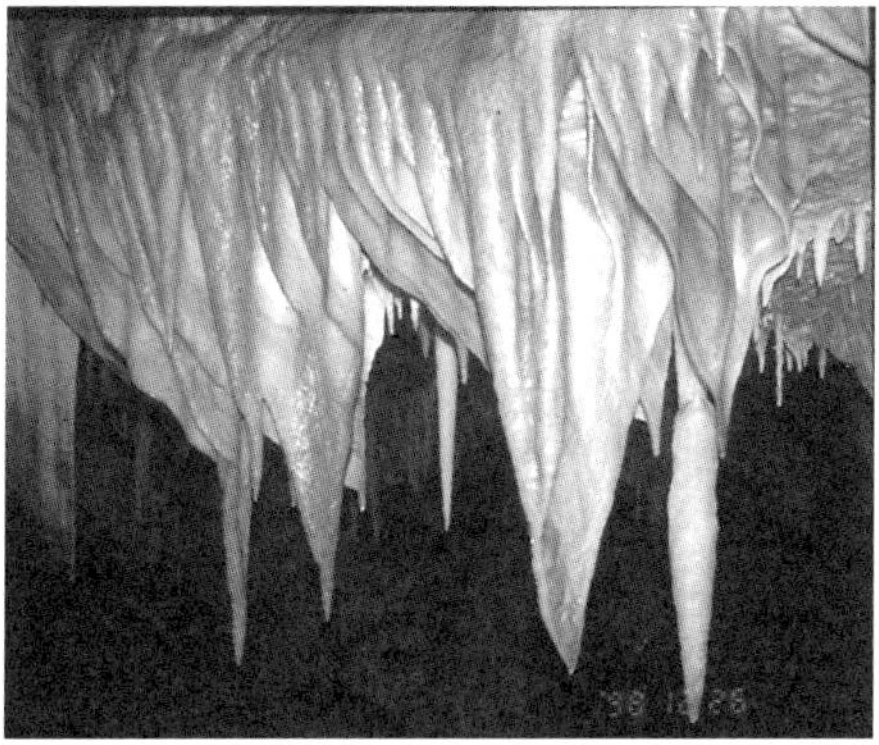
図11　つらら石（南大東島、星野洞）

す。それ以外には、斜めになった天井から水滴が流れながらしたたり落ちることでできるカーテン（これはつらら石が横に広がった形になります）、また鍾乳洞の壁や床を水が流れることでできるフローストーンやリムストーンなどがあります。これら以外にも珍しい鍾乳石があります。

　鍾乳石のできる速さは普通一㎜成長するのに十年間ほどかかりますが、琉球石灰岩の場合はそれより速く、三年間で一㎜成長するといわれています。ところで、南風原町内に太平洋戦争の時に掘った防空壕があります。防空壕には石灰質の砂岩が天井に露出していて、ストローができています。長いものでは一〇㎝もあります。壕を掘ってからまだ六〇年しか経っていません。このストローは、なんと一年に一・六㎝も成長しているわけです。

　南大東島には星野洞と呼ばれる鍾乳洞があります（図11）。その元になる石灰岩も真っ白で琉球石灰岩とは見た感じが違います。これは不純物が少ないことを示しています。そのせいか、星野洞には真っ白な鍾乳石が発達しているように見受けます。玉泉洞や玉置洞（南大東島）には沈水した珍しい鍾乳洞もあります。

琉球石灰岩が広く分布する沖縄島南部は、かつて太平洋戦争で激戦地となりました。その時、防空壕の代わりをしたのが、鍾乳洞でした。いわば自然のつくった防空壕だったわけです。しかしその鍾乳洞内で、人びとを守るためにあるはずの日本の軍隊が住民を虐殺したことは、あまりにも悲惨な事実です。しかしながら、沖縄島南部の戦場に多くの鍾乳洞があったために、戦場をさまよい逃げる住民が米軍の弾から救われたのもまた事実です。

グスクと琉球石灰岩

奄美から八重山に至る琉球列島の島じまには「グスク」と呼ばれる遺跡がたくさんあります。その数は二〇〇以上ともいわれています。二〇〇余りのグスクのうち、八割程度は沖縄島に、さらにその八割余りが中南部地域に分布しています。

なぜこのような多くのグスク（城・城塞）が小さな島じまに存在するのか、いったいグスクの正体はなにか、昔からいろいろな意見があります。たとえば、元琉球大学教授で民俗

図12　世界遺産となった勝連城跡（うるま市）

地理学者の仲松弥秀さんの説で見ますと、村の拝所としてのグスク（具志頭、根謝銘）、城的グスク（首里グスク、勝連グスク）、倉庫・武備的グスク（御物グスク、三重グスク）、葬所としてのグスク（イチグスク、ナチヂングスク）と分類されています。このうち、もっとも多いのは拝所のタイプです。これらのグスクで多くに共通していることは石垣で、首里グスクのように大きなグスクでは布積みやあいかた積、多くの小さなグスクは野面積みでできています。そして、多くのグスクの石垣には琉球石灰岩が使用されています。ということは、つまりグスクは琉球石灰岩が得やすいところにつくられたわけです。琉球石灰岩は沖縄島では主に中南部に分布しています。ですから、さきほど述べたように、グスクが中南部に多く見られるのは当然といえば当然です。

「暮らしの水」のところで見たように、琉球石灰岩は島尻層の上に乗って分布しています。そのために、琉球石灰岩があるところは地形的に高く、平坦な台地になっています。そのため、そこには畑ができます。琉球石灰岩の端は崖になっていて天然の要害となるためグスクがつくられ、崖下には湧水が見られ、その周辺の斜面から平地にかけては集落や水田が発達したわけです。つまり、琉球石灰岩が分布するところとその周辺は、グスク時代の農耕社会を支えるのに重要な地域であったのです。このように、琉球石灰岩はグスク時代の人びとにとって切っても切り離せない関係がありました。

先史時代の遺跡と琉球石灰岩

グスク時代より前の沖縄の先史時代（縄文～弥生・平安時代または貝塚時代）の沖縄はどうなっていたでしょうか。そのころの沖縄は、奄美諸島と沖縄諸島を範囲とする北琉球圏と先島諸島の南琉球圏に分かれていました。北琉球圏は、九州の縄文時代の人と文化を源流に持ち、断続的に関係を持ちながら独自の島嶼的な文化を形成してきました。一方、南琉球圏は、北との交流がなく、東南アジアとの関連を示す土器、石器、貝器文化を持っています。

このような文化的な違いはありましたが、遺跡の立地や分布には共通の特徴があります。遺跡のほとんどは海岸に近い丘か、イノーを目の前にした海岸砂丘にあります。遺跡のある丘の多くは琉球石灰岩の台地で、それも台地の中心部ではなく、縁辺や崖下に位置しています。そのわけは、グスク時代のところでも触れましたが、生活の基本である水との関係だと思われます。

図13　琉球石灰岩をくりぬいてつくった銘刈古墳群（那覇市おもろまち）

縄文時代の早期～中期にあたる遺跡では、明らかな住居跡は見つかっていません。しかし、後期の遺跡である仲泊遺跡には琉球石灰岩の岩陰や洞穴を利用した住居跡が知られています。また、前期の遺跡としてヤブチ洞穴遺跡があることから、縄文時代を通して、何らかの形で琉球石灰岩の岩陰や洞穴が、住居として利用されていたことが想像されます。

一九九一年（平成三）に、那覇市天久一帯の米軍基地開放地で、「銘苅古墓群」が発掘され、話題となりました。その古墓群の多くは琉球石灰岩を掘り込んだり、崖下の岩陰を利用したりしたものでした(図13)。また、玉泉洞の「ガンガーラの谷」や久米島のヤジャーガマなどで見られる風葬も琉球石灰岩の岩陰や洞穴を利用したものです。私の住んでいる首里金城町にも同じような「仲村渠古墓群」があります。

このように、岩陰や洞穴を利用した歴史時代の墓は、沖縄県の島じまではいたるところで見ることができます。じつは、そのような洞穴・岩陰墓は縄文時代から知られており、民俗学者によると、沖縄の原初的墓ともいわれているのです。つまり、琉球石灰岩は、先史時代から歴史時代までの生活、住居、墓と、生まれたときから死ぬまで密接な関係があったわけです。また白保竿根田原遺跡の調査からは、すでに旧石器時代から琉球石灰岩の岩陰が人々によって利用されていた可能性が指摘されています。

高島と低島—観光地の景観—

琉球石灰岩が分布しているところは、どこにも高い山がなく、平たい台地になっています。ではなぜ琉球石灰岩のあるところは平らな地形になるのでしょうか。その訳は、「暮らしの水」で述べたように、琉球石灰岩が透水層であることに原因があるのです。透水層である琉球石灰岩の上に降った雨は地下にしみ込んでいきます。そのために、雨水が地下

図14　万座毛（恩納村）

水となり、地表を流れて川になることが少ないわけです。従って谷が発達しません。ですから、地表に凸凹ができにくく、したがって平坦な面を残したままの土地になるわけです。琉球石灰岩の分布するところに地殻変動で隆起運動が起こると高い台地になります。また、隆起に伴って断層運動が起こると台地に段差が生じます。しかし、全体として地形が平坦であることには違いがありません。

沖縄の島じまを歩くと、サンゴ礁の見られる海と共に、海岸線に沿って素晴らしい景観のところが数多く見られます。たとえば、沖縄島では、万座毛（図14）、真栄田岬、残波岬、摩文仁など、また宮古の東平安名岬や西平安名岬、石垣島の川平、与那国島の天蛇鼻、波照間島の高那崎など、数え上げたら切りがありません。これらはいずれもその地域の有名な観光地となっています。そして、全て琉球石灰岩がつくる地形なのです。すなわち琉球石灰岩は、前に触れた玉泉洞のような観光地だけでなく、沖縄的な景観そのものをつくる上でもたいへん重要な働きをしている岩石だということになります。その中のいくつかは、高い崖を伴っています。それは、先ほど触れた、台地をつくる際の断層運動によって海側が落ち込んでできたものなのです。断層運動については第五章で「ウルマ変動」として詳しく説明します。

　このような琉球石灰岩がつくる沖縄的景観がみられる地域の地形を、私たちは「低島」と呼んでいます。それに対して、不透水層が広く分布して河川が発達し、その結果できたいわゆる山地地形を示すところを「高島」と呼び区別しています。高島で示される地形は他県でも一般的に見られる地形で、むしろ低島地形が沖縄県を特徴づける地形といえます。

　高島は一般的に標高も高いため、北方から進入してきた植物も多く見られます。一方、標高の低い低島地域では、南方から来た植物が優先します。ということは、日本全体の植物分布という目から見れば、琉球石灰岩地域の植物がより沖縄的＝南方的といえるでしょう。

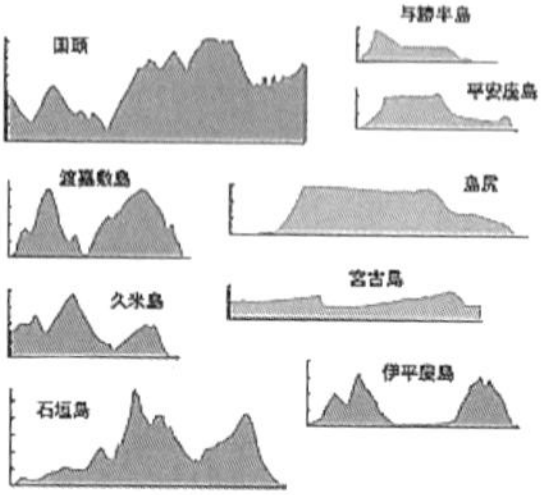

図15　低島・高島

第四章　赤土は語る

赤土に眠る動物たち　ー動物化石は語るー

　第二章では、琉球石灰岩のフィッシャー（割れ目）を埋めた赤土から、港川人をはじめいろいろな動物化石が発見されたことを話しました。このような赤土は、フィッシャーの中だけでなく、琉球石灰岩が分布する地域では地表でもいたるところで見られます。沖縄の方言でこの赤土のことを「島尻マージ」と呼んでいます。島尻マージは中性・弱アルカリ性の土壌です。それに対して、沖縄島北部に多い赤土は「国頭マージ」と呼ばれ、強酸性の土壌です。その違いはその地域に生育する植物にも反映され、島尻マージ地域では、山にヤブニッケイやホルトノキが、畑は甘藷、人参それに葉タバコなどが、一方、国頭マージ地域では、山はイタジイ林になり、畑にはパインやミカン類が栽培されています。

　さて、赤土と化石の関係を見ますと、国頭マージ中に埋まった化石は酸性のために溶けやすく、一方、島尻マージの場合にはあまり溶けません。つまり、島尻マージは化石の保存に適した土壌であることがわかります。そのことが私たちに港川人をはじめとする貴重な人類化石と、島じまの生い立ちを知るのに大切な動物化石を数多く残してくれたわけです。ここでは港川フィシャー遺跡から出てくる動物の化石を例にとって説明します。

フィシャーから出てくるシカは、リュウキュウジカとリュウキュウムカシキョンです。体長が一m程度、高さが数一〇㎝の小型のシカ化石です。シカ以外にイノシシ、オオヤマリクガメ、ケナガネズミ、ハブ、キノボリトカゲ、カエル、アマミヤマシギ、ヤンバルクイナなど多くの動物化石が見つかっています。これらの動物たちは、オオヤマリクガメを除いていまの沖縄島に棲んでいるものばかりです。しかし、アマミヤマシギ、ヤンバルクイナ、ケナガネズミなどはいまでは山原の山にしか棲んでいません。では山原からはるばる港川までやってきて化石になったのでしょうか。いいえ、ヤンバルクイナやアマミヤマシギの化石の中には幼鳥と思われる骨も見つかっているのです。ということは、港川付近で子育てをやっていたということがわかります。また、数は少ないが現在では奄美大島にしか生息しないオオトラツグミやルリカケスも見つかっています。このことから奄美諸島と沖縄が離れた後も、沖縄島にオオトラツグミやルリカケスが棲んでいたらしいこともわかるわけです。

第二章でもふれましたが、一万八〇〇〇年前の港川人が生きていた時代、沖縄島付近はかなり広い範囲で陸地になっていました。その島には奄美大島と同様な高い山々がそびえていたでしょう。そして、現在の山原から港川にかけてもうっそうとした森林が広がっていたことが想像できます。港川人はそのような森林の中でシカやイノシシを追って狩りをしていたと考えられます。

港川人の時代以降にオオトラツグミやルリカケスは絶滅し、その後ヤンバルクイナやアマミヤマシギも港川付近からいなくなったわけです。いまや山原路を駆け回る車による輪禍と、マングースや捨て猫による食害などで、山原からもヤンバルクイナがいなくなるのではと危惧されています。その責任は百パーセント私たち人間にあります。将来、われわれの子孫の時代が「ヤンバルクイナは化石だけで知られているんだよ」といった状態にならないようにするためにも、私たちの責任は大きいのです。

花粉化石は語る

さて話は変わりますが、港川人や動物化石を豊富に含む赤土（島尻マージ）と同じ頃の地層が伊是名島に分布しています。その地層について花粉分析が行われました。それによると、圧倒的に多いのはマツ属やイヌマキ属などの針葉樹林の花粉で、アカガシ亜属、シイノキ属、マテバシイ属それにヤマモモ属など照葉樹林の花粉も多く見つかりました。これらの植物はいまの沖縄の植生に近い種類のものです。しかし、花粉をふくむ地層が堆積した時代は、港川人が住んでいた時代なので、最終氷期です。ですから、本来ならいまの沖縄よりかなり寒く、そのために暖温帯〜冷帯に分布するモミ属・ツガ属などの針葉樹の花粉や、ハンノキ属・コナラ亜属などの落葉広葉樹の花粉が多く産出することが予想されます。しかし、実際にはそれらの花粉はすくなかったのです。つまり、地層から産出する花粉の種類からは、当時の気候が現在と比べてそれほど低下したとは言えないという結果になったのです。

以上のことから、港川人が住んでいた当時は、現在より一〜二度程度温度が低かっただけだということが推定されています。そのことは、花粉化石と一緒に現在の沖縄にも生息する有孔虫のマーギノポラ、エダミドリイシなどのサンゴ類、それにヨワスジカニモリガイなど亜熱帯〜熱帯地域の貝化石が出てくることからも明らかです。

一方、産出する花粉化石の組み合わせで針葉樹が多くて広葉樹が少ないことは、当時の気候が現在より雨が少なかったことを示していると考えられます。つまり、最終氷期（ウルム氷期）であった当時は、東シナ海の大陸棚が大きく陸化して海域が大幅に減り、そのために東シナ海からの海水の蒸発も少なくなります。そして、当時の島に一〇〇〇m級の高い山もなかったことも影響し、島に降る雨が少なかったわけです。

さきに、港川人が住んでいた地域にはヤンバルクイナが住み、いまの山原のようなうっそうとした森の中で彼らはリュウキュウジカやイノシシを追って狩りをしていただろうと述べました。しかし、乾燥気候で雨が少ないため、リュウキュウジカの餌となる照葉樹林の森はしだいに減少し、やがて彼らは絶滅に向かっていったのではないかと考えられています。

赤土の謎ーどこからやってきたかー

話は赤土に戻ります。その化学的な特性のため、豊富な動物化石を産出する赤土（島尻マージ）ですが、その成因については三つの考えがあります。ここではその話をします。

ひと口に赤土と呼んでいますが、島尻マージという土壌がみな一様であるわけではありません。たとえば、鹿児島県の喜界島では、段丘面の高さの違いによって土壌も違い、色が少しずつ違った赤土が分布しています。また南大東島のように、約一六〇万年前から陸地になっている島では、赤黄色土が発達しています。しかし、いずれの場合も、島尻マージが琉球石灰岩、大東石灰岩、本部石灰岩、それに今帰仁石灰岩など、石灰岩の分布するところに見られることから、これらの地層の風化作用と何らかの関係があることは容易に推定できます。そこで、これらの土壌の成因については、これまでその分布の特徴から琉球石灰岩など石灰岩が溶解して不純物が残積したとする「残積成土壌説」、また島尻マージには琉球石灰岩に無関係な鉱物なども含まれることから、海底に堆積する石灰質堆積物の上に周囲の陸地から運ばれ堆積した土砂が陸化した後に、風化作用でできたという考えなどで説明されてきました。しかし、最近ではこれらの考え方に対して、次のような事実から別の考え方も出ています。

化学分析の結果、島尻マージに含まれる不純物の量は、琉球石灰岩よりかなり多いことがわかっています。そこで、島尻マージのすべてが琉球石灰岩の風化によってできたと考えると、大量の琉球石灰岩の風化が必要となってきます。例えば、ある学者の計算によると、厚さが七四㎝の島尻マージをつくるのに、一〇〇mの厚さの琉球石灰岩の風化が必要だという結果がでています。つまり、最終間氷期（約三万年前）以降にこれだけ大量の琉球石灰岩が風化したとはとても考えられないというわけです。そこで、前の二つの説の欠点を補うような形で出てきたのが「風成塵起源説」です。これはこういうことです。

島尻マージの性質は北九州の台地や古砂丘の中にあるレス（黄砂）と物理・化学的によく似た性質を持っているといわれています。さらに土壌中に含まれる微細石英粒子の研究から、島尻マージ中には砂漠から運ばれてきた微細石英粒子が含まれていることが明らかになり、島尻マージの成因説として有力な考え方になってきています。さらには、石英粒子の発生地も明らかになってきており、沖縄島より北の島では中央アジアからの夏季偏西風によりもたらされ、宮古島や与那国島ではチベット高原から冬季偏西風によって運ばれたこともわかってきました。

琉球石灰岩上の風成塵は寒冷で乾燥した最終氷期に堆積したものが多いといわれています。これはさきに述べた花粉化石の結果ともよく一致しています。また、琉球石灰岩の分布しない沖縄島北部地域では、最終氷期より古い時代に堆積した風成塵が数層あるともいわれています。

このように、島尻マージの成因については「風成塵起源説」が有力になってきましたが、しかし、この説によってすべてが説明されたわけではありません。たとえば、琉球石灰岩上に島尻マージが一般的に見られるのに対し、島尻層の上に島尻マージが見られないのはこれでは説明できません。それに、砂漠起源といわれている微細石英粒子が島尻マージの表層にしかないという研究者の指摘もあります。というわけで、島尻マージに占める風成塵の割合がどの程度なのか、さらに詳しく研究する必要がありそうです。

マンガンノジュールのつぶやき

琉球石灰岩が広く分布する地域で、畑や土手の赤土（島尻マージ）をよく見ると、ときどき赤土の中に数㎜〜一、二㎝の大きさで、黒くて丸い塊を発見します。その色と大きさが似ていることから、方言で「ヒージャーヌクス（山羊の糞）」と呼ばれています。学問的にはこれをマンガンノジュールといいます。成分的にはマンガンや鉄を主とし、銅、ニッケル、コバルトなどを含む酸化物です。世界的には深海底でできた「深海マンガンノジュール」が有名ですが、このマンガンノジュールは陸上で琉球石灰岩の風化の過程でできたと考えられています。でき方の過程は次のように説明されています。

第一段階として、石灰岩が風化することによって生じた土壌中のマンガン、鉄、銅、ニッケル、コバルトなどが、雨水に溶けてある場所に濃集します。この時点ではマンガンや鉄の大部分はコロイド状だと考えられます。第二段階では、濃集した溶液中の鉄、マンガンコロイド酸化物が核になって、ノジュールの成長がはじまります。一度核ができると、その周りには銅、ニッケル、コバルトなどをその表面に吸着していきます。第三段階では、自己触媒作用で周りの金属元素を取り込みながら成長します。そして、その表面電荷が中性に近づくにつれ成長が遅くなり、ある大きさになったところで成長が止まります。

さて、最近このマンガンノジュールに関して新しい事実がわかってきました。いままで赤土にだけ含まれていると考えられていたマンガンノジュールが牧港石灰岩（琉球石灰岩の中でもっとも新しい石灰岩）に含まれているのが発見されたのです（図16）。また、そのマンガンノジュールと一緒に赤土も石灰岩の中に含まれています。ということは、マンガンノジュールと赤土は牧港石灰岩よりも古い時代にできたというわけです。いままでは、赤土（島尻マージ）の中から港川人などの人骨や動物化石が各地で発見されることから、赤土は

図16. 牧港石灰岩に礫として取り込まれたマンガンノジュール（黒）と石灰藻球（白）（糸満市喜屋武）

最終氷期（約二万年前）前後にできたと考えられていました。また、「赤土はどこから」で述べたように、「風成塵起源説」で考える赤土でも、その多くは最終氷期に堆積したものと考えられています。しかし、マンガンノジュールが牧港石灰岩よりも古いとすると、一二万年前より古い赤土もあるということになります。石灰岩地域の赤土の年代を改めて検討し、赤土の成因との関係もふくめ、さらに詳しく研究していく必要性があるようです。

マンガンノジュールとの直接の関係はわかりませんが、東村宇出那覇の国頭礫層中にはマンガンノジュールの誕生を思わせるようなしずく状のマンガンが見られます。また、東村宇出那覇の国頭礫層（低位段丘層）、屋我地島の低位段丘層、沖縄市の中位段丘層などには、層状になったマンガンがあります。それから、久米島では琉球石灰岩のフィッシャーを埋めるような形で固結した層状のマンガンも見つかっています。このように、マンガンについてはいろいろと新しい事実がわかってきています。これもまた将来、マンガンノジュールの形成と関連して詳しく研究されることが期待されます。

琉球石灰岩にできた不思議な穴

二〇〇五年、屋我地島と古宇利島の間に長い古宇利大橋が架かりました。当時、料金のいらない橋としては日本一でした。現在は伊良部大橋（三五四〇m）が一番長い橋です。古宇利島は琉球石灰岩からなり、三～四段の海岸段丘が見られます。とくに、対岸の大宜味村あたりから見ると、北側の段丘がはっきりと四段に分かれていて見事です。

古宇利島の北東側の海岸に行きますと、琉球石灰岩の中にあいた不思議な穴がありますす（図17）。これまでに見つかっている同様な穴は、宮古の池間島、石垣島の川平、宮良、西表島の祖納、大原など、ごく限られた場所でしか見つかっていません。これらの地域の穴に共通していることは、直径が数一〇cm～一、三m、長さが数mで垂直方向に発達していることです。ときにはいくつかの穴が複合して直径が数m以上になっているものもあります。

図17．石灰岩に出来た円筒状の穴（古宇利島）

このような奇妙な穴の成因がはじめて話題になったのは、沖縄が日本に復帰する前の一九六〇年代でした。本土から見えた大学の先生が、石垣島の川平や宮良に分布する穴を調査して、「ヤシ林化石説」を唱えました。その後、池間島や古宇利島の穴が話題となり、再び「ヤシ林化石」の話が新聞紙上に出たり、もうひとつの説である「ポットホール説」と「ヤシ林化石説」の比較検討した報告などがなされてきました。「ポットホール説」とは、流水の働きで礫が岩を削ってできた丸い穴をポットホールと呼び、その穴がもととなってしだいに深くなっていったという考え方です。

このような両説がある中、私も川平、池間島それに古宇利島の穴を調査する機会がありました。その結果、次のような事実が観察できました。

穴が二、三mと大きすぎるものがあります。もしヤシの幹の跡だと考えると、幹が腐ってから浸食によって広がったと考えなければいけません。これでは最初から浸食が起こったことと同じです。

石垣島に見られる現在のヤシの幹を観察すると、垂直になっているものは少なく、多少斜めになっているものが多いようです。しかし、石灰岩の中の穴はほとんどが垂直です。

穴の一番下が見える場合、ヤシの根の形をした穴が見あたりません。また、根があったところには土があったはずですが、そのような証拠もありません。

穴の見られる石灰岩の種類が、古宇利島ではサイクロクリペウスをふくむ石灰岩、川平や池間島ではサンゴ石灰岩からできています。サイクロクリペウスは水深が七〇～一三〇

mの海に住んでいる有孔虫の一種です。また、サンゴ礁が数mも成長するには少なくとも数一〇〇〇年以上かかると考えられます。

他にもいくつか観察結果がありますが、これらはいずれも穴が「ヤシ林化石」とは関係ないことを示しています。現在、「ポットホール説」が有利のようです。しかし、溶食によってできた可能性もあり、いまのところ結論をだせません。

このように、成因はまだよくわからないところもありますが、しかし、珍しい地質現象であることに変わりはありません。天然記念物に指定する価値のある素晴らしいものだと思います。

ところで、この穴ができたのはいつ頃でしょうか。古宇利島ではこの穴を埋めて石英を含む赤土（赤褐色砂層）が見られます。この赤土は、古宇利島の南側にある屋我地島の低位段丘を構成する地層によく似ています。ということは、この穴が少なくとも低位段丘ができる以前（一〇数万前）に形成されていたと推定されるわけです。また、最近南城市知念クルクマで海抜一五〇mにある琉球石灰岩（那覇石灰岩）にも同様な穴が発見されました。これからすると、このような穴は中位段丘（二〇万～二三万年前）ができる以前に形成された可能性もまたあるわけです。このように、石灰岩にできた穴一つにも島で起こった昔のことが記録されているわけです。本当に大切にしたいですね。

ハブのいる島、いない島

沖縄の島じまには、ハブという猛毒をもったヘビがすんでいることはよく知られています。ところで、そのハブも沖縄のすべての島に棲んでいるわけではありません。「ハブの棲んでいる島」と「棲んでいない島」があるのです。沖縄島には棲んでいます。北の島でいうと、伊平屋島には棲んでいますが、伊是名島には棲んでいません。また、久高島と津堅島を除いた沖縄島周辺の小さな島じまには棲んでいます。それから、西側の島じまでは、慶良間諸島の渡嘉敷島には棲んでいますが座間味島にはいません。さらに西の渡名喜島や久米島には棲んでいますが、少し北側に位置した粟国島には見られません。先島では、宮古諸島に棲まないで、石垣島や西表島にはサキシマハブが棲んでいます。与那国島には棲んでいません。一方、ずっと北の鹿児島県の島では、トカラ列島の宝島・小宝島にトカラハブが棲み、奄美大島、徳之島にハブが棲んでいますが、沖永良部島や与論島には棲んでいません。このように、沖縄県から鹿児島県にかけての琉球列島の島じまには、ハブがいる島といない島があるのです。

ところが、赤土の中から発見された化石を見ると、ハブ属の化石が沖縄島や宮古島のピンザアブなどから発見されています。つまり、いまはハブが棲んでいない宮古島にも二万六〇〇〇年ほど前にはハブの仲間が棲んでいたわけです。

いろいろな研究からハブは大陸から沖縄の島じまに渡ってきたことがわかっています。ということは沖縄島や宮古島も、むかし中国大陸と陸続きになっている時代があったというわけです。その時にハブの祖先が沖縄の島じまに渡来したということになります。しかし、それはずっと先の時代（約五〇〇万年前）のことです。その話は第六章で詳しく説明します。ハブが渡ってきた後、琉球石灰岩が堆積し、その後に、琉球列島が地殻変動によって島じまに分離していく過程でハブがいる島といない島に分かれていったと考えられています。

沖縄が多くの島じまに分かれていく時の地殻変動を、私たちは「ウルマ変動」と呼んでいます。現在の沖縄の島々の原型を作り出すことになった大きな変動です。次章では琉球石灰岩層の形成と、それに関連させてその「ウルマ変動」の話をしましょう。

第五章　琉球石灰岩とウルマ変動

岡波岩のクジラ化石

糸満市西崎の埋め立て地の端から西へ約一㎞の海上に、岡波岩という長径が二〇〇mほどの小さな島があります。琉球石灰岩でできた島です。その島の海岸に、長さ約九mにわたって背骨と肋骨からなる大きな化石が埋まっているのが観察できます。クジラの化石です。まるで座礁した難破船のような形で横たわっています。また他の地域では、琉球石灰岩にサメの歯の化石が見つかることもあります。その頃もいまの慶良間諸島付近で見られるように、季節がおとずれると、クジラが回遊し、周辺をサメが泳いでいたことが想像できます。こうした琉球石灰岩は、サンゴ礁に棲む生物の遺骸などが海底に堆積して出来てきた地層です。その時代の海のことを私たちは、「琉球サンゴ海」と呼んでいます。

それでは、まずこの琉球石灰岩を生んだ「琉球サンゴ海」がどのようにして誕生したかを見ていきましょう。

大陸の半島となった南琉球・大きな島となった中琉球

時代は、琉球石灰岩が形成された頃から少し遡ります。約二〇〇万年前、沖縄島付近から奄美諸島、トカラ列島にかけての中琉球は、二つの大きな島になっていました。一方、南琉球（八重山諸島・宮古諸島）は、台湾から伸びる半島で、約一〇〇万年前には、ショッキタテナガエビやムカシマンモスゾウなどが渡来しました（図18）。海が島や半島に変化したり、逆に陸地が海に変わったりするような運動を地殻変動といいます。琉球列島付近では、そのような地殻変動が、すでに約二〇〇万年より前の時代（鮮新世）から起こっていました。その地殻変動を「ウルマ変動」に先立つ地殻変動ととらえ、私たちは「島尻変動」と呼んでいます。

島尻変動に伴って、当時の琉球列島付

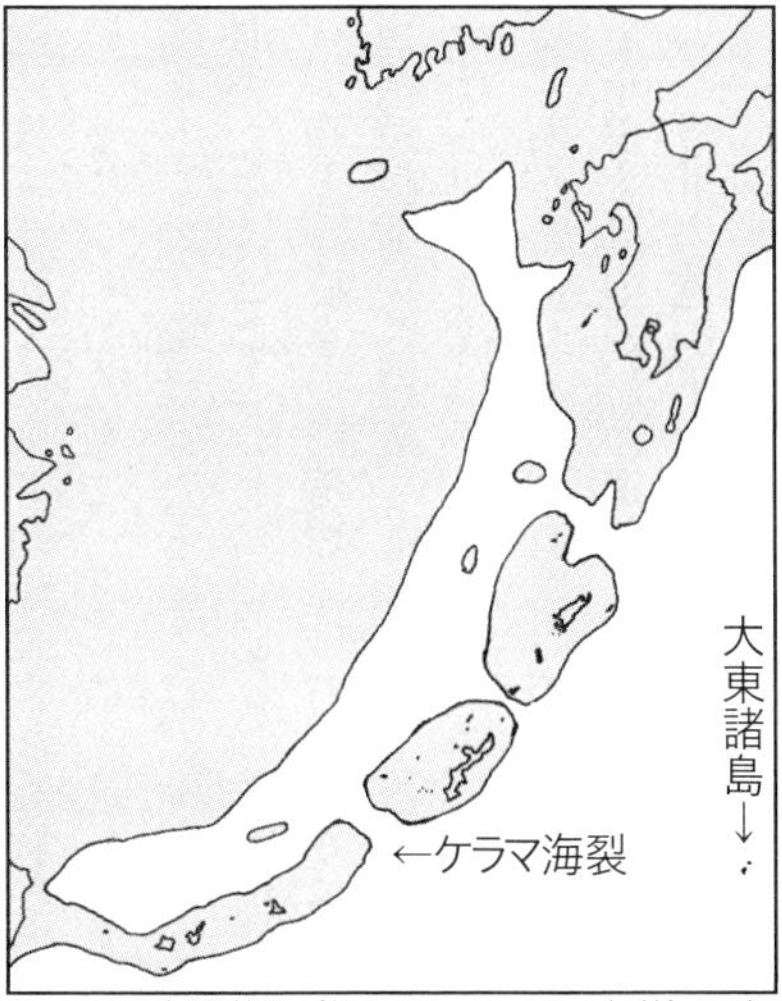

図18　更新世前期（約200万～90万年前）の古地理図

近には、北西～南東方向の大きな断層がいくつかできました。これらを「胴切り断層」といいます。そのうちで、とくに大きな断層が沖縄島と宮古島の間にできました。その大断層に沿って陥没したところは、やがて沈降し浅い海になりました。この海域を「ケラマ海裂」と呼びます。この海のために、南琉球の半島と中琉球は陸続きになりませんでした。

大陸と陸続きの南琉球には、テナガエビやサワガニなどの祖先、それにムカシマンモスゾウが中国から渡来しました。また沖縄諸島付近と奄美諸島付近にあった二つの大きな島では、前の時代に渡ってきたハブなどの動物たちが棲んでいて、しだいに島々が分かれてできあがるにつれて固有化への道を歩んでいたと考えられます。このことは、トカラハブと奄美大島のハブが遺伝子距離が近く、奄美のハブと沖縄島のハブの遺伝子距離が遠いという最近の遺伝子研究から裏付けられています。

また陸地となっている琉球列島は、浸食を受けだんだん地形が低くなっていきました。そのような陸地に、約一六五万年前、海が侵入してきました。これが「琉球サンゴ海」のはじまりです。

琉球サンゴ海の誕生

約一四〇万年前、伊良部島付近に「琉球サンゴ海」が侵入しました。一方、沖縄島付近では約一六五年前に本部半島の付け根に「琉球サンゴ海」侵入していました。また、本部半島の一部と国頭村から恩納村あたりにかけては、広い範囲が陸地のままでした。しかし、沖縄市以南は浅い海になっていました。その境目付近の恩納村仲泊からうるま市具志川にかけて、胴切り断層に沿って谷間ができていました。その谷間に海が進入して湾をつくっていました。

図19　更新世前期後半〜中期前半（約90万〜50万年前）の古地理図

このようにしてできた湾は、しだいに土砂で埋まっていきましたが、その外側は黒潮に洗われる浅い海が続いていました。そして、すでに沖縄トラフで中国大陸と隔てられていたため、大陸からの土砂が届かず、島じまの海岸線には澄み切った海水が満ち満ちていました。そのような海にやがて大サンゴ礁が発達したわけです。このサンゴ礁を育んだ海を私たちは「琉球サンゴ海」と呼んでいます（図19）。この海が沖縄を代表する岩石である「琉球石灰岩」を生んだ海なのです。しかし「琉球サンゴ海」ができたとはいえ、沖縄島の北部にあった島の周りは、島から運び込まれる土砂の影響をまだ受けていました。そのために、沖縄島北部には琉球石灰岩はあまりできず、代わりに砂や礫の地層となりました。これが北部地域に広く分布する「国頭礫層」です。

こうして「琉球サンゴ海」はしだいに広がり、各地で琉球石灰岩を堆積させていきました。その後も地殻変動や海水準の変化に伴って、何回かの堆積の断絶はありますが、「琉球サンゴ海」の時代は更新世後期まで続きます。

琉球石灰岩の種類

第二章でも簡単に触れたように、「琉球サンゴ海」でできた琉球石灰岩は、下位から那覇石灰岩、読谷石灰岩、牧港石灰岩の三つに分けられます。ここでは含まれている化石から見た琉球石灰岩の特徴について詳しく説明します。

①サンゴ石灰岩（図20）

原地性の造礁サンゴ群体の化石を大量に含み、その間を有孔虫、サンゴ、サンゴモ、

図20　サンゴ石灰岩（与那国島祖納）

軟体動物、ウニ、コケムシなどの生物遺骸片が埋めているタイプの石灰岩です。その中でも多くの場合、底生有孔虫のカルカリナとバキュロジプシナが卓越しています。バキュロジプシナは「星砂」として、カルカリナは「太陽の砂」としてお土産品店で売られている砂と同じものです。露頭で見たとき、岩石全体に占めるサンゴ化石の割合は一〇～四〇％です。現在の琉球列島では、造礁サンゴの生育限界は水深が一〇〇m（大部分は五〇m以浅）といわれています。ですから、この種類の石灰岩は、ほとんどが五〇mより浅い海でできたことがわかります。また、サンゴの種類を詳しく調べることで、礁嶺から礁池、外側礁原から礁斜面上部、水深五m～二二mの礁斜面、水深三〇m以深の礁斜面といった環境の違いを決めることもできます。

②石灰藻球石灰岩（図21）

球状または楕円体状になった石灰藻を含む石灰岩のことをいいます。岩石全体に石灰藻球が占める割合は二〇～六〇％です。一般に直径が数㎝大の石灰藻球が多いようですが、ときに長径が一五㎝に達するものも見られます。石灰藻球の間を埋める砂粒は底生有孔虫、サンゴモ、コケムシなどの破片で、有孔虫の種類としてはアンフィステギナが多く、しばしばオパキュリナを伴います。またまれにサイクロクリペウスが含まれることもあります。

現在の琉球列島付近では、水深が五〇〜一五〇mの範囲に石灰藻球が分布していることが知られています。このことから、この石灰岩は大陸棚上に堆積した石灰岩であることを示しています。

③サイクロクリペウス石灰岩（図22）

最大五㎝近くの直径をもつ大型有孔虫のサイクロクリペウスとそれより小型のオパキュリナが密集したタイプの石灰岩です。この石灰岩も石灰藻球石灰岩と同様に水深が七〇〜一三〇mの陸棚上の堆積物であることがわかっています。

④砕屑性石灰岩（図23）

主に砂粒〜細礫大の有孔虫、サンゴ、石灰藻、コケムシなどの殻や破片からなる石灰岩で、特徴的な化石を含んでいません。有孔虫としてカルカリナやバキュロジプシナを多く含むものと、アンフィステギナの多いものに分けられます。前者は浅い礁池や砂州といっ

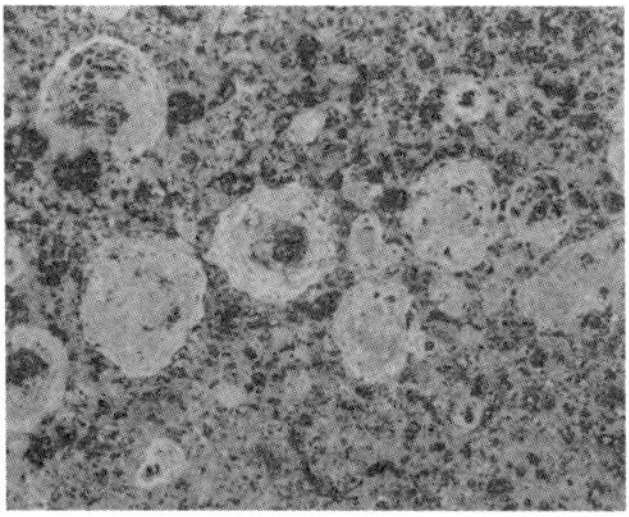
図 21　歩道の敷石に使用された石灰藻球石灰岩（那覇市首里金城町）

図 22　サイクロクリペウス石灰岩

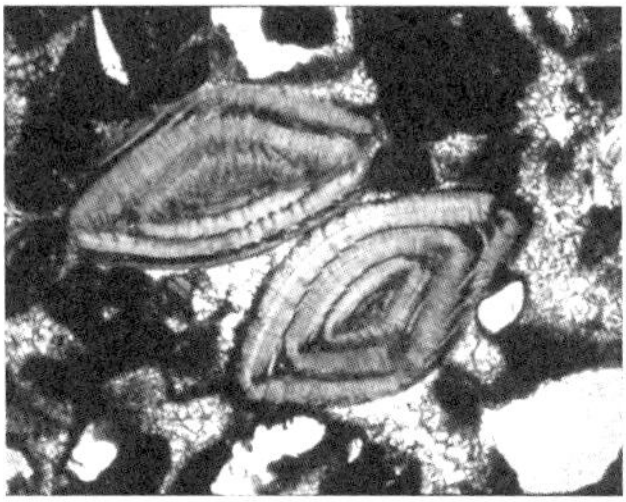
図 23　砕屑性石灰岩の顕微鏡写真。ソロバン玉状のものが有孔虫

た極浅海の環境を示しますが、後者は②や③ができた環境とほぼ同じか、またはそれよりもやや深い環境に堆積した石灰岩であるといわれています。

このように、琉球石灰岩は、化石の種類からいくつかに区分できます。それを第二章で述べた区分に当てはめると、那覇石灰岩には①と④の極浅海を示すタイプを除いて他のいずれのタイプの石灰岩も見られ、読谷石灰岩は主に①のタイプ、牧港石灰岩は①と④の極浅海タイプからなります。那覇石灰岩を詳しく観察すると、サンゴ石灰岩の上に石灰藻球石灰岩・サイクロクリペウス石灰岩またはアンフィステギナの多い砕屑性石灰岩がのり、さらにその上にサンゴ石灰岩が重なるといった堆積サイクルを何回か繰り返しているようです。これは那覇石灰岩を堆積させた海が、造礁サンゴが活発に生育する浅い海から、水深一〇〇m前後の陸棚の環境へ変わり、その後に再び浅海になるといったサイクルを何回か繰り返したことを示しています。つまり、那覇石灰岩が堆積する数一〇万年の間に、琉球列島付近の海は、数m〜約一五〇mの範囲で海面が変化していたことになります。その原因は、氷河期と間氷期の繰り返しによる海面の上下変化と、地殻変動による島ごとの隆起・沈降が複雑に組み合わさったものだと考えられます。

琉球石灰岩の隆起や沈降を引き起こした地殻変動を、私たちは「ウルマ変動」と呼んでいます。この変動によって、沖縄の島じまは大きく変化してきました。それだけでなく、じつは、ウルマ変動の影響は、いまの私たちの生活とも深く関係しているのです。ではそのあたりのことについて次に見ることにしましょう。

中城湾沿いは地すべりが多い

二〇〇六年の沖縄県の梅雨は荒々しいものでした。例年より遅く五月一四日の梅雨入りでしたが、月末から六月にかけて荒雨の日が続き、とくに六月二日から降り続いた雨は、九日までに那覇で一四六・五㎜に達し、一〇日には、一日だけで一〇〇㎜を越す大雨が記録されました。そして、那覇市首里鳥堀町ではマンションの陥没が起こりました（図25B）。また、中城村北上原では大規模な地すべりが起こり、多くの住民が避難し、国道が通行止めになるという災害が発生しました（図25A）。しかし、幸いにも人的な被害はありませんでした。話は遡りますが、一九五九年（昭和三四）一〇月に、台風シャーロットに伴う大雨（那覇で三日間に五五七・二㎜）で、南城市佐敷新里の旧桃原屋取《ヤードゥイ》でも同じような大きな地すべりが起こり、人的被害が生じています（図25C）。

さて、地すべり災害が起こったこれらの地域に共通した特徴は、いずれも泥岩を主とした地層（この地層を島尻層といいます。詳しくは第六章で説明します）からなることです。泥岩層は全体的に軟らかく、乾湿風化（乾燥したり湿ったりすることで岩石が壊れていくこと）が顕著であるといわれています。ということは、泥岩層は、地表付近で太陽の熱や雨水の影響を受けると、ボロボロになりやすい性質があるわけです。そして、乾湿風化がしだいに地下深く進んでいきます。乾湿風化の進んだ泥岩（島尻層）が地形的に急な斜面をつくっている所にあると、そこでは地すべりが発生しやすくなります。そのような急崖地形は中城湾沿いに集中しています。そして、中城湾沿いに急崖地が多いのは、じつは、島をつくってきた地殻変動である「ウルマ変動」と深い関わりがあるのです。それでは、その一つの表れである「中城湾陥没」のことからウルマ変動についての話をはじめましょう。

図 24　中城村北上原の地滑りのようす

図 25. 島尻層地域の地すべり地帯

陥没してできた中城湾

勝連半島、北中城・与那原、知念半島、津堅島、久高島に取り囲まれるように、中城湾があります。その周辺の地域の地形を調べると、いろいろと面白い特徴が見つかっています。

すぐに気づく地形の特徴は、中城湾に流れ込む川がほとんどないことです。勝連半島から知念半島にかけての地域では、分水嶺がどこでも中城湾側にかたより、多くの川は勝連半島で金武湾に、北中城・与那原の間で東シナ海に、知念半島では南東側の太平洋に注ぎ込んでいるのです。この事実はあたかもむかしの山地の中心が中城湾にあり、そこから四方八方に川ができたような印象を与えます。その予想を支えるかのように、分水嶺の近くには、風隙という地形が発達しています。風隙とは、いまは水が流れていないが、過去には川が流れていたことを示す分水嶺上のくぼみのことです。つまり、分水嶺上に風隙があるということは、現在中城湾から離れるようにして反対側に向かって流れている谷川が、むかしはさらに上流まで続いていたことを示しています。川の流れにこのような特徴があるために、勝連半島では北側の照間海岸に藺草を植えた田が見られ、東シナ海に面した宜野湾市の大山では田芋を植えた田があります。そして、知念半島の南東側に位置する玉城村ではかつて多くの水田が見られました。反対に、中城湾側にあるのは畑だけで、水田がまったく見られないのです。

さらに地形の特徴を見ると、地すべりの話で述べたように、中城湾を取り囲むように、石灰岩や島尻層からなる急な崖が発達していることに気づきます。特に、勝連半島南側や中城城跡付近の急崖、南城市佐敷から知念にかけての島尻層の急崖は目立つところです。これらの急崖は中城湾にあった山地が断層運動で陥没していったときの跡を示しているように見えます。

一方、地質の面からみると、中城湾の周辺に分布する琉球石灰岩が、中城湾と反対側に向かってゆるく傾斜しています。つまり、勝連半島では北に、宜野湾市で西に、そして南城市玉城と久高島では南東に、津堅島では東に傾斜しているのです。つまり、琉球石灰岩の分布の様子から見ても、中城湾を中心に高い地形があったことがうかがえます。

第三章の「暮らしの水―地下水―」のところでも触れましたが、地下水は琉球石灰岩と島尻層の境界に沿って流れます。それで、境目からでる湧き水（泉）は、中城湾の反対側に集中することになります。たとえば、勝連半島の根っこの北側にあるうるま市字具志川では多くの湧水が見られ、宜野湾市西側には羽衣伝説で有名な森川の湧水などがあり、南城市玉城の南東側には琉球王国時代のアガイマーイ（東廻り）で有名な受水走水や垣花ヒージャーなどの湧水があります。このように、泉が多いことと前に触れたように河川が発達していることが相まって、これらの地域には水田が多く見られるわけです。

こうして中城湾の周りの地形や地質の特徴を見ていくと、どうも中城湾に山頂をもつ陸地があったことはほぼ確かなようです。標高が一〇〇〇mとまではいかなくとも、三〇〇m程度の山はあったでしょう。では、中城湾に存在したと考えられる山がいつ頃どのようにしてなくなったのでしょうか。じつはこのことは中城湾の周りに広く分布する島尻層と琉球石灰岩を詳しく研究した結果、「ウルマ変動」という、琉球列島で広く起こった地殻変動に原因があることがわかったわけです。次にそのウルマ変動で島じまができていく様子を見ることにします。

琉球サンゴ海の隆起―ウルマ変動―

本章のはじめの方で述べたように、一六五万年前から長い時間をかけて琉球石灰岩を堆積させてきた「琉球サンゴ海」は、氷河性海面変動と地殻変動の影響を強く受けました。

そして、場所によっては陸地に変わったり、また場所によっては海になったりを繰り返してきました。その証拠に、琉球石灰岩のなかには、各地で不整合を示す露頭が観察されます。不整合が見られるということは、琉球石灰岩が堆積の途中で陸地になり、浸食を受けたことを示しているわけです。

図26　更新世中後半期（約45万〜25万年前）の古地理図

更新世中期後半に、ウルマ変動による隆起や氷河性海水準の低下によって、「琉球サンゴ海」の浅い海が陸化し、琉球列島付近には陸域が広がりました。その結果、南琉球と大陸が繋がりました（図26）。

しかし、ウルマ変動の断層運動がしだいに激しくなり、更新世中期の終わりごろ、宮古島と沖縄島の間は陥没し、深い海に変わりました。ケラマ海裂の誕生です。

断層運動で切れ切れになった琉球石灰岩は、大きく隆起したところが島になり、逆に沈降したところは海のままといったところもありました。糸数城跡、中城城跡、浦添城跡、首里城はいずれも琉球石灰岩の台地に築城されたものですが、それぞれ標高が一九〇m、一六〇m、一二〇m、一二〇mとなっています。また、離島でも宮古島の野原岳が一〇八m、与那国島の天蛇鼻が八五mと、一〇〇m前後の標高をつくっています。このように、大きく隆起したところと、逆にあまり隆起しなかった地域が隣り合うと、境目には崖ができます。そのようにしてできた崖は、琉球石灰岩が分布する地域にはいたるところで見ることができます。浦添城跡北側の直線的な崖、糸満市與座岳北側の崖、それに伊良部島牧山展望台の崖など、その代表的なものです。

約二〇数万年前には台湾と与那国島の間も陥没し、与那国凹地ができたと推定されます。その直前の氷河期に、南琉球にはサキシマハブ、イリオモテヤマネコ、それにミヤコノロジカなどが渡って来ました。これは、サキシマハブとタイワンハブの遺伝子距離がハブとのそれより短いこと、イリオモテヤマネコがベンガルヤマネコより分離したのが約二〇万年前であるという研究結果、また、ミヤコノロジカが北方系であるといった事実をうまく説明することができます。

約二〇万年前、間氷期の海水面の上昇と沈降運動による島の沈下で琉球弧の島じまには、再びサンゴの海が侵入してきました。その海に堆積したのが読谷石灰岩です。読谷石灰岩も次の氷期（約一三万年前）に向かって再び陸化します。陸化した石灰岩が風化作用を受けると赤土ができます。その赤土の中にできたのが第四章で述べたマンガンノジュールです。

こうして琉球列島はしだいに現在の形に近づいていきました。このように、琉球弧が島になっていく過程の地殻変動が「ウルマ変動」です。この変動の前兆は、琉球石灰岩が堆積する前から始まっていたことは前にも述べました。それを「島尻変動」といいます。この島尻変動が後にウルマ変動へと発展していくわけです。そして、このウルマ変動は、琉球石灰岩を隆起・沈降させて島をつくる運動で最盛期を迎えたわけです。ウルマ変動により、いまある琉球列島の島じまの配置や地形の基本的なことが決まりました。そういうわけで、この変動は琉球列島の地史を考える上で重要な地殻変動となっています。

ここで話をウルマ変動の結果できた「中城湾の陥没」に戻します。琉球石灰岩が堆積する前、現在の与勝半島から中城湾にかけても、陸地があったことが推定できます。というのは、与勝高校付近に、島尻層が侵食されてできた粘土層が琉球石灰岩の下に見られます。また、同じような層は、与勝地下ダム工事のボーリング調査の結果でも確認されています。そして、その粘土層は、南から運ばれて堆積したようです。つまり、琉球石灰岩が堆積する前に、中城湾には、島尻層からなる陸地が推定できるわけです。しだいに浸食で低くなってはいたが、琉球石灰岩が堆積するころもまだ陸地があったでしょう。その後、ウルマ変動で全域が陸地になりました。しかし、中城湾にあった山は島尻層からなる柔らかい地層であるため、浸食が急速に進んで低くなり、さらにウルマ変動による陥没で現在のような中城湾になったと考えられます。そして、陥没が起こった中城湾の縁には急崖ができ、地すべり地帯となったわけです。

海底の琉球石灰岩

前の節では主に「ウルマ変動」で琉球石灰岩が隆起して陸地になったことを話してきました。ここでは海に沈んだ琉球石灰岩について、海底の調査からわかってきたことについて話します。

これまでに、琉球列島付近で数多くの海底地質調査が実施されてきました。その結果、海底には「ウルマ変動」による隆起運動から取り残された琉球石灰岩が広く分布していることがわかりました。ケラマ海裂から先島まで、幅六〇㎞、長さ三〇〇㎞にわたって水深が五〇〇mの陸棚が発達していることがわかったのです。これまでの海底地質の調査から、この陸棚の表面が琉球石灰岩で覆われていることがわかったのです。沖縄島から奄美大島にかけては陸棚がはっきりしませんが、やはり島の周りの水深五〇〇mまでの海域は、大部分が琉球石灰岩で覆われているようです。つまり、現在陸上で観察できる琉球石灰岩の分布よりもずっと大量の琉球石灰岩が海底に眠っているわけです。それも、一五〇mより浅い海でできた琉球石灰岩が五〇〇mの深さにあるのですから、先ほどの話とは逆に三〇〇m余りも沈降したということになります。これも「ウルマ変動」の結果だと考えられています。また、海底地質を研究している学者からは、水深が一〇〇〇m以上もある沖縄トラフや慶良間海裂の底にも琉球石灰岩が分布しているという報告もあります。

このように、深い海の底にも琉球石灰岩が分布することを考えると、「ウルマ変動」がいかに壮大な地殻変動であったかが想像できます。

第六章　島尻海の時代

照間海岸の化石たち

勝連半島の北側海岸に位置するうるま市照間の海岸は、サメの歯化石が見つかることで有名な化石産地です。サメの歯以外にも、クジラの骨、ハリセンボン、魚の脊椎、リュウキュウジカの角、イノシシの歯、リュウキュウムカシキョンの角など、多くの化石が発見されています。リュウキュウジカの角は、琉球石灰岩より古い知念層に含まれていたものが洗い出されたものと考えられます。ということは、リュウキュウジカは知念層や琉球石灰岩が堆積する以前に渡ってきたことを示しています。サメの歯、ハリセンボン、クジラの骨、魚の脊椎骨はいずれも海岸にある泥岩層（約四〇〇万年前の地層）から洗い出された化石です。この地層を島尻層といいます。沖縄島中部から南部にかけて広く分布していま す。この島尻層を堆積させた海が、「島尻海」です。この章では島尻海に関わるお話をしましょう。また、イノシシやリュウキュウムカシキョンの化石については本章の後ろの方で説明をします。

沖縄に高い山があった話―スギ化石と有孔虫化石の謎―

沖縄島南部にある南城市佐敷には、島尻層の中でもっとも新しい地層の新里層が分布しています。いまから約三〇〇万年～二〇〇万年前に堆積した地層です。地層の様子は新里集落の裏手になる崖で観察することができます。その崖を調べると、厚い凝灰岩の地層が観察できます。凝灰岩は火山灰が積もった地層で、数㎜～数㎝大の軽石をたくさん含んでいます。軽石を含む火山灰は、現在の久米島や粟国あたりにあったと考えられる火山からもたらされたものと推定されています。凝灰岩の層には、いろいろな貝の化石、スギの幹が炭化した化石、それに有孔虫化石などが含まれています。有孔虫の化石を調べると、すべて熱帯から亜熱帯にかけて分布する有孔虫の仲間です。つまり、いまの沖縄から赤道にかけての海に住むような種類というわけです。一方、スギは現在の沖縄島には自生していません。沖縄よりずっと北の屋久島以北にしか自生していません。つまり、スギは温帯性の植物ということになります。一見して矛盾するようなこの現象をどう説明したらいいのでしょうか。私たちはスギ化石と有孔虫化石という相矛盾する化石の産出を説明するために次のような考えをもっています。

　新里層は、貝化石の研究、貝形虫の研究、それにスランプ構造（海底地すべりでできた堆積構造で、地層が曲がったり、切れたりして複雑な形の地層になっているもの）を示す地層の存在などから、大陸棚的な環境で堆積した地層が海底の地すべりによって大陸棚～大陸斜面にかけて堆積したものだと考えられています。いまの北谷町付近から北に陸地があり、それより南は海になっていました。新里層には凝灰岩が見られることから近くでは火山活動も盛んだったと考えられます。さきほど触れたように、いまの久米島・粟国付近で火山が盛んに噴火していたのでしょう。久米島・慶良間諸島から北谷にかけては広く陸地が広がっていたと思われます。幅が二〇〇㎞もある大きな島であった考えられます。お

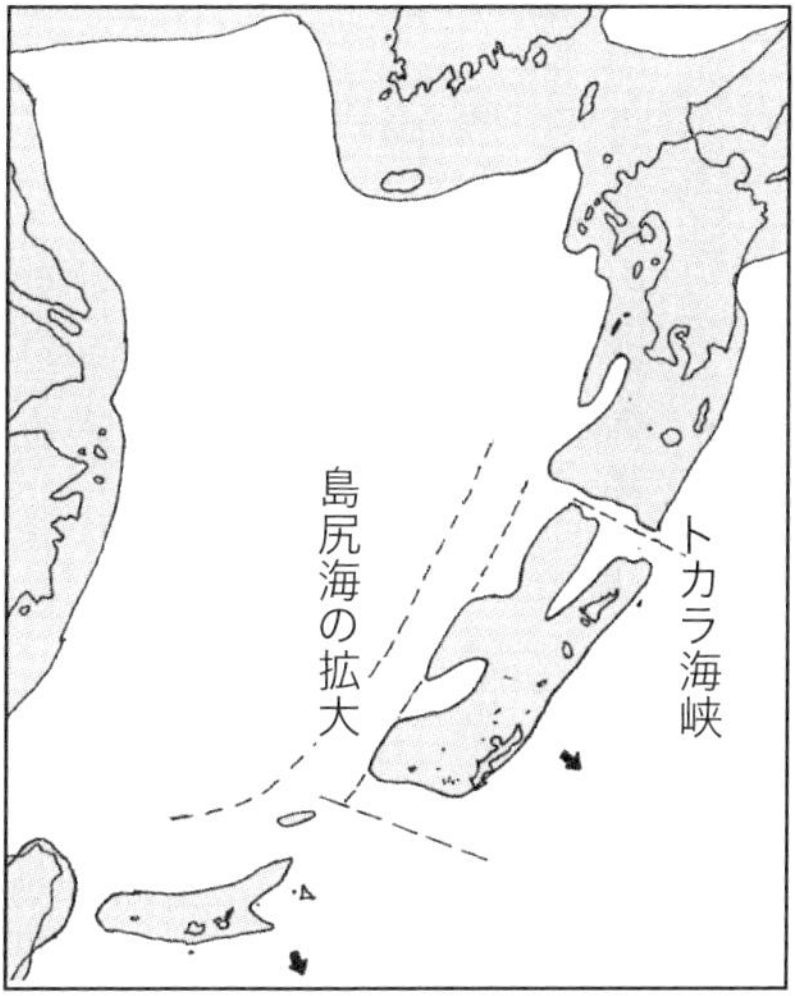

図 27．鮮新世後期～更新世前期（約 300 万～200 万年前）の古地理図

そらくいまの沖縄島付近から、奄美諸島まで広がる陸地であったと考えられます（図27）。

このような大きな陸地ですから一〇〇〇m級の高山があっても不思議ではありません。いまの屋久島でスギは標高七〇〇m以上に自生しています。また、台湾では一八〇〇m以上に見られます。これから推定すると、当時の沖縄では一二〇〇m以上のところにスギが自生していたと考えられます。ということで、当時の沖縄付近の陸地には、一五〇〇m程度の高い山があったと思われます。

これで温帯性のスギ化石と熱帯性の有孔虫化石が同じ地層から産出することを矛盾なく説明することができました。めでたしめでたしです。さて、このような高い山が見られた時代より前の琉球列島の様子はどのようなものだったでしょうか。それについては島尻層を調べることでわかります。そこでまず島尻層をつくる地層の特徴を見ておきましょう。

クチャの正体

沖縄の代表的な土壌である島尻マージは、有機物の含有量が少ないという欠点があります。つまり、作物を育てるための土としては、やせた土壌だということです。そこで、沖縄県農業試験場の研究者は、他の土を加えることで島尻マージの改良を試みました。そこで目を付けたのが「クチャ」でした。というのは、クチャが風化してできた土壌である「ジャーガル」は栄養分が多いのです。当然そのもとになるクチャも栄養分に富むわけです。研究者はそのクチャを島尻マージに客土することで有機物が少ないというマージの欠点を補おうとしたわけです。結果は大成功でした。いまではあちこちの畑でクチャが客土されているのを見ることができます。

ところで、クチャは、かつて髪洗い粉に利用されていたのです。洗い髪の女性の絵がついた「椿印」という洗髪剤でした。マイナスイオンをもったクチャの微粒子が、プラス電荷の汚れを吸着するという性質を利用したわけです。同じ性質を利用して、厚手の衣服の洗濯にも使用されました。いまの人が全身泥パックとして美容に泥を利用する以前から、沖縄の人びとは経験的にクチャの性質がよくわかっていたことになります。

さて、この客土や洗髪に利用したクチャの正体は何でしょう。じつは、このクチャが章のはじめで述べたサメ化石を含む地層、いわゆる島尻層の泥岩なのです。島尻層は、北は奄美大島の近くの喜界島からはじまって、沖縄島、久米島、宮古島、そして南は波照間島まで、たいへん広い範囲に分布しています。島尻層は、これまでの研究から、いまから約一〇九〇万年前～二〇〇〇万年前にかけて、大陸棚から琉球列島周辺の海にかけて堆積してできた地層だということがわかっています。地層の特徴から三つの層に区分されており、古いものから順に豊見城層、与那原層、新里層と呼ばれています。そのなかで、地表に最も広く分布しているのが与那原層で、その中でももっとも多いのがクチャ（泥岩）の層です。というわけで、栄養分が豊富で大量にある泥岩がマージの客土として使われたというわけです。

ニービは語る

島尻層をつくる岩石の中で、クチャ（泥岩）と並んで県民の間でよく知られたものにニービがあります。正式な岩石名でいえば、砂岩です。この砂岩は那覇市小禄地域に広く分布するために、小禄砂岩とも呼ばれています。この小禄砂岩を一番上にして、地下深くには、厚さ一〇〇〇m以上の地層が、ボーリング調査で確認されています。その厚い地層を豊見城層といいます。島尻層の中でもっとも下にある地層で、約一〇九〇万年～五五〇万年前に堆積した地層です。

ニービ（砂岩）やクチャ（泥岩）はふつう軟らかい岩石ですが、ときに部分的に固くなったものが見られます。これを方言でニービヌフニ（ニービの骨）、クチャヌフニといいます。

とくに、ニービヌフニは石材としても有用で、昔から石碑・石敢當・橋の欄干・建物の礎石などに広く利用されてきました。本書のプロローグで紹介した天女橋もそうです。

さて、このニービ（砂岩）ですが、ふくまれている鉱物の種類を顕微鏡で調べると面白いことがわかります。ニービをつくっている鉱物の多くは、石英、雲母、長石、角閃石など、ごくありふれた鉱物と、ジルコン、ザクロ石、電気石などからなります。そして少量ではありますが、十字石やラン晶石という珍しい鉱物も見られます。石英から電気石までは沖縄島北部に広く分布する嘉陽層や名護層（第九章、十一章を参照）にも普通にふくまれる鉱物です。ニービ（砂岩）をつくる砂粒は当時の陸が浸食されて運ばれてきたものです。つまり、島尻層のニービが沖縄島の南部地域に堆積するころ、沖縄島の中・北部は広く陸地になっていたことを、鉱物の種類は示しているわけです。

一方、十字石やラン晶石は嘉陽層と名護層にはふくまれていません。ではいったいどこからこの鉱物は運ばれて来たのでしょうか。十字石やラン晶石は変成作用の結果できた鉱物で、近くでは中国大陸に見られる変成岩にふくまれる鉱物です。つまり、当時沖縄島の近くに中国大陸と同じような岩石からなる陸地があったことがわかるわけです。

浅い海からはじまった「島尻海」

沖縄が日本復帰する前の一九六〇年代、日本政府によって、島尻層が分布する地域の地質調査が行われました。その際、地下一〇〇〇m以上もの深いボーリングが実施されました。那覇市の明治橋横で行われたボーリング調査の結果、地下九〇〇mのところの豊見城層が礫岩からなることがわかりました。つまり、豊見城層は陸地に近い浅い海の状態から地層が堆積しはじめたわけです。地層に含まれる有孔虫の研究から、沖縄島では一番下の地層が約一〇九〇万年前ということがわかりました。図28は、その頃の琉球列島付近の様子を示したものです。

復帰前に島尻層のボーリング調査が実施された理由は、島尻層に天然ガスがふくまれている可能性が大きかったからです。国による「天然ガス調査」は数回にわたって行われました。その結果、地下深くにある豊見城層には天然ガスがふくまれていることがわかりました。そして、その成分も石油や石炭とは関係なく、いろいろな成分のガスが地下水中に溶けている水溶性の天然ガスで、メタンやプロパンの少ない乾性ガスであることもわかりました。また、天然ガスをふくむ地下水には、海水の一八〇〇倍ものヨウ素もふくまれていました。

このような調査結果から、天然ガス開発の期待がかけられ、かつて、糸満市大里において企業化が試みられました。しかし、残念なことに、その試みは成功しませんでした。その訳は、ボーリングしたガス井戸からの天然ガスが当初思っていたより少なかったのです。結局採算がとれないままに会社はつぶれてしまいました。なぜ天然ガスが少なかったかというと、島尻層には大小無数の断層が発達し、天然ガスをふくむ地層が切れ切れになっていて、そこからガスが逃げ、ボーリング井戸一本あたりのガス埋蔵量が予想よりもはるかに少なかったわけです。これらの断層の多くは第五章でふれた「島尻変動」や「ウルマ変動」に関係あるもので、変動の結果が島の天然資源にも思わぬ影響をもたらしていたというこ

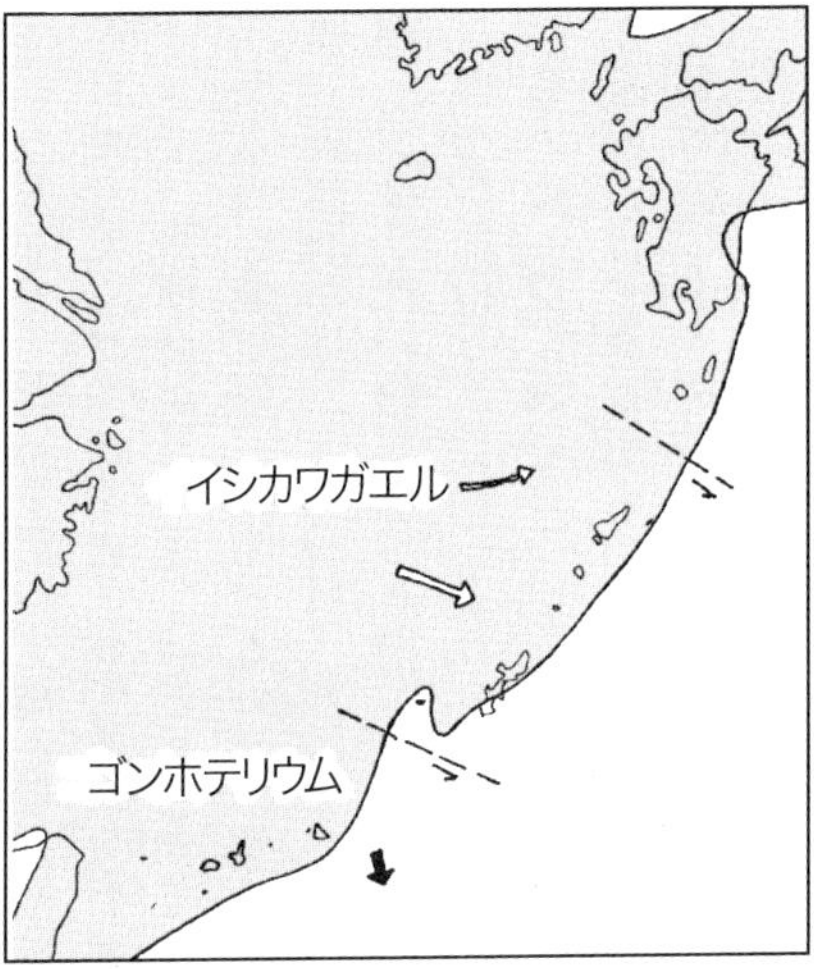

図28　中新世中期～後期（約1600万～600万年前）の古地

とになります。地殻変動は大地を切れ切れにして琉球列島を小さな島じまの集まりにしただけでなく、せっかくの天然資源も失わせる働きをしていたわけです。

さて、沖縄島以外の島ではどうなっているでしょうか。

久米島の北東部、真謝付近には、豊見城層〜与那原層に相当する真謝層が分布しています。真謝層にはカキ、巻貝、カニなど化石が産出します。その中のカキ化石を使って年代測定がなされ、約六八〇万年〜七八〇万年前の値がえられています。つまり、沖縄島で豊見城層が堆積しはじめるよりも少し遅れて海が侵入したことを示しています。化石の種類からみて、ごく浅い海で、内湾性の環境からはじまったことがわかります。また、真謝層が堆積をはじめたころの様子を見ると、真謝層と下の層（阿良岳層）との境界付近に、直径が数一〇cm〜数mの礫がごろごろしているのです。そして、すぐ横には、阿良岳層からなる山があります。このことは、阿良岳層が断層で落ち込んだあとに海が入り込み、崖が崩れて大きな礫が崖下にたまり、そこに真謝層の泥岩が堆積していったことを示しています。このように、真謝層の堆積する様子を見ると、断層運動で大きな陸地が陥没しながら、しだいに広大な島尻海へと変わっていく様子を伺うことができます。

一方、遠く宮古島の島尻層はどのような海に堆積をはじめたのでしょうか。それを知るために宮古地域でもっとも古い島尻層が分布している大神島に渡ってみます。

大神島は、宮古島市の島尻集落の北、約四キロの海上に浮かぶ、お椀を伏せたような小さな島です。大神小学校裏の海岸に島尻層の崖が見られます。砂岩と泥岩からなる崖ですが、一部に礫が密集するところがあります。その礫の中には変成岩の礫があり、近くに変成岩が分布する陸地があったことが推定できます。また、ここではマガキやマルスダレガイなどの貝化石、スッポンの化石、それにゴンホテリウムゾウの化石も発見されています。これらの化石も陸地がごく近くにあったことを示しています。その陸地は現在の宮古島あたりから北側にかけての地域にあったと考えられます。しかし、宮古島付近で島尻層が堆積する海になったのは約八三〇万年前で、沖縄島より時期的に遅れていました。北側に存在した陸地がいまだ沈まず、宮古島付近が海になる時期が遅れたことを示しています。

城辺の浦底海岸に分布する島尻層には、浅海性の貝類とともに、安山岩の円礫を含む地層が見られます。これは、沖縄島に分布する新里層に相当すると考えられ、久米島や粟国島の火山活動と同時期のものと推定されます。

与那原層の凝灰岩が語るもの

宮古島に「島尻海」が侵入して間もなく、沖縄島では与那原層が堆積していました。豊見城層の上にのる与那原層は、泥岩の厚い層からなるのが特徴です。浮遊性有孔虫の研究から、およそ五五〇万年〜三〇〇万年前に堆積した地層であることがわかります。貝化石や貝形虫などの研究から、与那原層が堆積した海は、豊見城層の海よりも深かったことがわかっています。現在でいえば大陸棚から大陸斜面にかけての深さだったと考えられています。

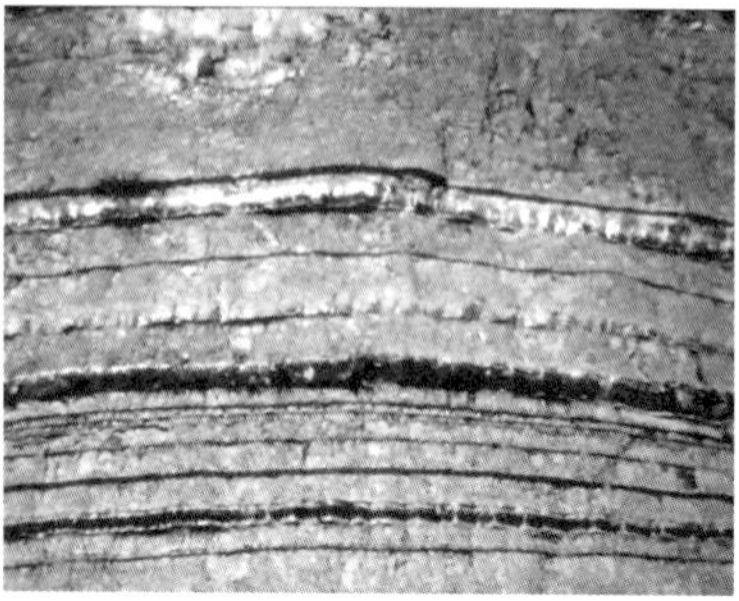
図 28　与那原層中の凝灰岩。凝灰岩は黒〜白色の層になって見える（豊見城市翁長）

与那原層からなる崖（露頭）を観察すると、灰色の泥岩層の中に、黄色や黒っぽい色をした薄い層が何枚も挟まれているのがわかります（図28）。凝灰岩の層です。本章のはじめで説明したように、凝灰岩は火山灰が積もってできた地層です。新里層が堆積する時代にも火山活動がありましたが、与那原層の時代も同じように火山活動の起こった時代なのです。研究者が数えたところによると、与那原層には数一〇〇枚の凝灰岩層が泥岩の間に挟まれているといいます。与那原層は約二五〇万年間かけて堆積した地層です。単純に割り算して凝灰岩一枚あたりの年数を求めると一万年という答えになります。つまり、一万年おきに火山活動が繰り返されたというわけです。凝灰岩の鉱物を顕微鏡で調べると、長石・普通輝石・紫蘇輝石などが多く見られます。これらの鉱物は火山から噴出した火山灰（マグマ）が安山岩質であったことを示します。与那原層の凝灰岩も新里層の凝灰岩と同様に、現在の久米島や粟国島あたりにあった火山の噴火によってもたらされた火山灰であると考えられます。

長い時間をかけて静かに泥を積もらせ、火山活動の時期を伴いながら、二五〇万年以上にわたって続いていた与那原層の海（島尻海）は、やがて新里層の堆積する時代へと移っていきます。

「島尻海」に起こった海底地すべり

さて、沖縄島の中・南部で、与那原層からなる崖を観察すると、ときどき小禄砂岩によく似た砂岩の層が見られます。そして、その砂岩層の分布を調べると厚さの変化が激しいのです。また、ときには切れ切れになっていたり、大きく褶曲していたりします（図29）。

図29　与那原層中のスランプ構造（与那原町大宜武）

それに、砂岩層やその周りの泥岩層にふくまれる貝化石を調べると、浅い海に棲む貝と数百mの海に棲む貝が混じっていたり、ときには直径が数センチの礫やサンゴの欠片も見られるのです。いったいこのような地層がどうしてできたのでしょうか。これは次のように説明されています。

当時、北西にあった陸の近くの浅い海には砂が積もっていました。島の周りにはおそらくサンゴ礁もできはじめていたでしょう。そして、沖合の深い海には泥が堆積していました。これらの砂や泥がまだ固くなっていない時に、海底で大きな地震が発生したわけです。浅い海で斜面の急なところに堆積していた砂は、そこに棲む貝といっしょに沖の深い海に地すべりで運ばれていったわけです。またサンゴ礁の一部も壊れて運ばれたことでしょう。そして、深い海に堆積していた泥と混じり、いま見られる地層ができたということです。こうしてできた地層にはスランプ構造が見られます。本章の「沖縄に高い山があった話」の節でふれたように、新里層の凝灰岩もスランプ構造をつくっています。また、豊見城層の小禄砂岩（ニービ）にもスランプ構造は見られます。つまり、島尻層が堆積している全期間にわたって海底では海底地すべりが頻繁に起こっていたというわけです。

このように、大陸の端で浅い海からはじまった「島尻海」は、スランプ構造をつくるような地殻変動を伴いながら与那原層の堆積する深い海となり、さらに前節で見たように、火山活動を伴いながら変化していきました。そして、約六〇〇万年前、南琉球弧の南への移動と沖縄トラフ地域の陥没で、南部から海になり始めていた沖縄トラフ地域にも、しだいに島尻海の侵入が起こり、その海はしだいに北東および北へと広がっていきました（115頁図31参照）。最初は汽水域であった陸棚部も、鮮新世も終わりに近づくころには浅海化し、東シナ海は広い範囲で水没して島尻海が最大となりました（101頁27図参照）。一方、沖縄島付近では、新里層を堆積させていた海も、琉球弧の隆起により浅くなっていました。そして、本章のはじめで述べたように、スギが生える高山と、熱帯の有孔虫が棲む海の話となるわけです。

動物たちがやってきた

最後に、「島尻海」時代の陸の様子を、動物化石の面から見ていきます。前の節で述べたように、久米島に「島尻海」が侵入してきたのが約七八〇〇万年前。七八〇〇万年前といえば私たち人類がこの地球上に現れた時代の少し前です。この時代より前、約一六〇〇万年〜一〇〇〇万年前、沖縄島から西は全地域が陸地でした。そのころ、大陸と陸続きだった中琉球へは、東シナ海にあった陸地を通ってイシカワガエルが分布を広げ、また、台湾を通って南琉球には、ゴンホテリウムゾウが分布を広げました（107頁28図参照）。

約五三〇〇〜三〇〇〇万年前、前の時代から時計回りの回転をはじめていた南琉球は、引きつづきこの時代も回転をつづけ、南琉球弧がさらに南へと移動し、現在の宮古島の北側からまず東シナ海が開きはじめました。そのころ、中琉球はまだ大陸の端でした。その陸地には揚子江や黄河のような大河が何本か流れており、その一つが久米島の近くに河口を開いていたと考えられます（図31）。その河口付近の海に堆積した地層が久米島の北海岸に分布する阿嘉層（約三〇〇〇万年）です。阿嘉層には浅い海に棲むイタヤガイの仲間の化石が産出します。川を通してキクザトサワヘビ、サワガニ、イボイモリなどが、また陸地を通ってアマミノクロウサギ、トゲネズミ、ケナガネズミ、リュウキュウジカ、リュウキュウムカシキョン、ハブ、トカゲモドキ、オオヤマリクガメ、大型ネズミのレオポルダミスなど多くの動物たちが中国大陸や東南アジア、ヒマラヤ方面から中琉球へと次々と渡ってきました。そのころ、九州・北琉球と中琉球は陸続きでしたが、トカラ海峡のところを河口とする大河のため、陸上を生活の場とする動物たちは、北へ渡ることはなかったようです。

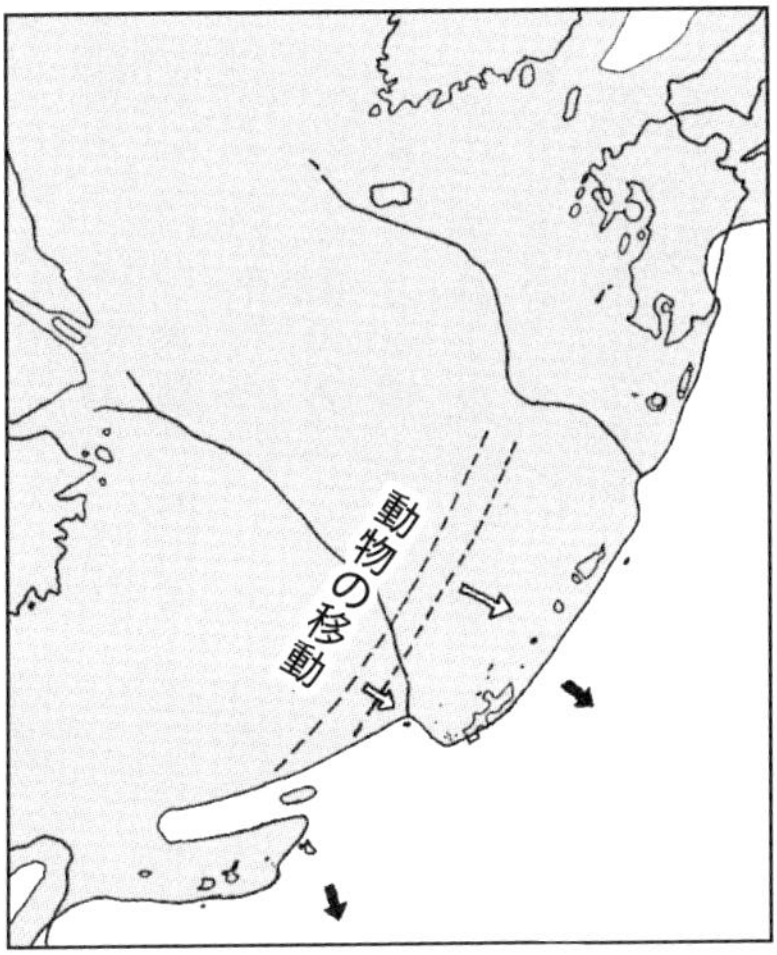

図31　鮮新世前期（約530万〜300万年）の古地理図

化石のなかで、レオポルダミスは今帰仁村の赤木又に分布する約一五〇〇万年前の礫層から発見されています。それと類似の化石は中国の揚子江沿いでも、約二〇〇〇万年前の地層から発見されています。また、赤木又の地層から発見されたリュウキュウジカの化石は、他の地域で新しい時代の地層から発見されたものよりもひとまわり大きく、島に隔離されて矮小化していく前の形態を維持していたことが伺えます。

ところで、本章の最初のところで触れましたように、うるま市照間（旧与那城町）の海岸で、よく石化したイノシシの黒褐色臼歯が見つかっています。石化の様子から見ると、約四〇〇万年前の層準に相当する与那原層から洗い出された化石という可能性が考えられます。ということは、イノシシが四〇〇万年前よりも古い時代に渡ってきた可能性があるわけです。それから、照間海岸では、最近リュウキュウムカシキョンの角らしい化石も発見されています。イノシシと同じように黒褐色に石化しています。さらに、久米島のオーハ島では石化した赤褐色のリュウキュウジカの角が発見されています。これは真謝層（約七〇〇万年前）から洗い出された可能性があります。とすると、多くの動物たちが琉球列島まで分布を広げた時代は、さらにさかのぼり、イシカワガエルと同じころという可能性もでてきます。

一方、北からやってきたと考えられる仲間もいます。ノグチゲラ、ルリカケス、アユなどがそうです。これらは、現在のトカラ海峡にあった大河を越えることができたのでしょう。そして、大陸から渡ってきた動物たちと共に、やがて島尻海の侵入によって大陸や北琉球と切れることで中琉球に閉じこめられることとなりました。

ハブを含めて、これらの多くの動物たちが中琉球に渡ってきて後、中琉球は基本的に大陸から分離した状態が続きます。そのために、中琉球の島じまには多くの古いタイプの生物たちが棲んでいるわけです。「東洋のガラパゴス」といわれるゆえんです。これらの動物のなかで、現在も多く見られ、また沖縄の代表的な動物でもあるハブについて次に説明をします。

ハブの話

沖縄の島じまに棲むハブは、クサリヘビ科の毒蛇です。ここで少しばかりハブの歴史をふり返ってみましょう。地球上にヘビの仲間が現れたのは、中生代の白亜紀初期といわれています。ヘビの最古の化石は、北アフリカのアルジェリアで発見されています。トカゲの痕跡を残すことから、トカゲから分かれて進化してきたものだと考えられます。そして、白亜紀の地球上で最初に栄えたヘビの仲間はニシキヘビ科の仲間でした。新生代に入ってもニシキヘビの仲間が栄えました。それで、新生代はじめの始新世はニシキヘビ科の時代といわれます。始新世は、イノシシやシカの仲間のような大型の偶蹄類や、飛べない鳥の

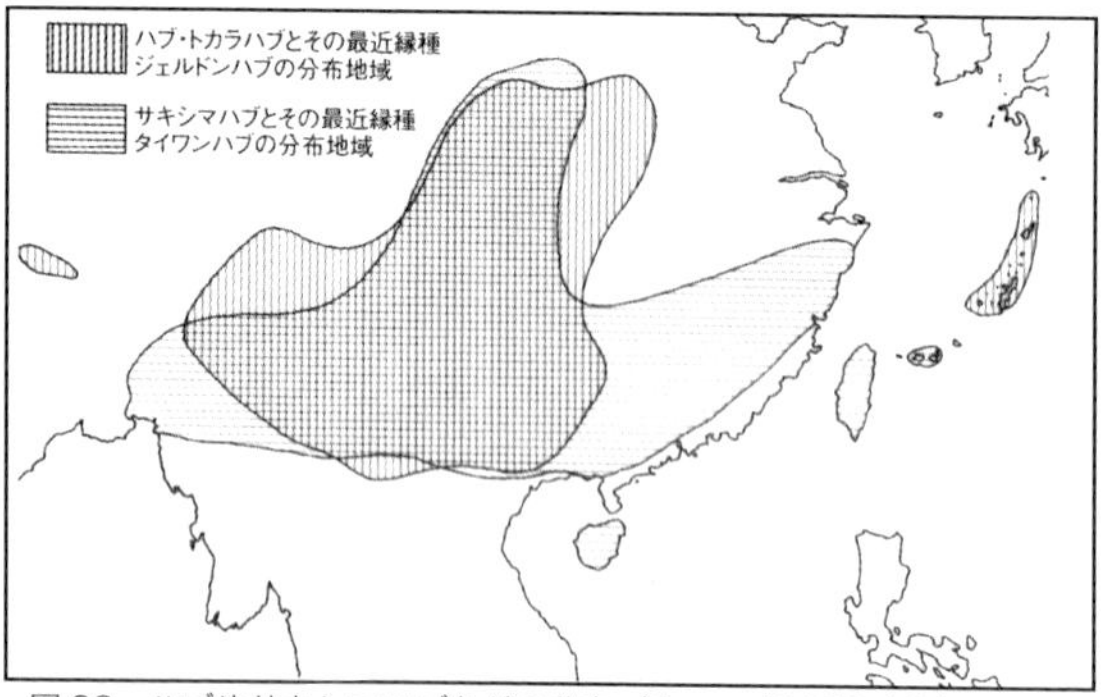

図32　ハブやサキシマハブなどの分布（Tu et al.2000 より）

仲間が栄えました。ニシキヘビはそれらの動物を餌として栄えたわけです。

ヘビの進化は、哺乳類の進化と関係が深いといわれています。初期の哺乳類は、夜行性の食虫類で、それを餌としていたヘビ類は、視覚よりも嗅覚が発達し、また、岩の隙間や樹木の間を通過しやすいように、脚が退化したのではないかと考えられます。

漸新世の中期に、突如としてナミヘビ科のヘビが現れました。現在でいうと、シマヘビ、アオダイショウ、リュウキュウアオヘビなどの仲間です。そして、次の中新世から鮮新世は、ナミヘビ科の時代となります。現在でもナミヘビ科のヘビは圧倒的に多く、ヘビの全種類約二七〇〇種のうち、一五五〇種もあるといわれています。

ところで、中新世がナミヘビ科の時代といっても、ヘビの歴史をドラマチックに盛り上げるのは毒蛇の出現です。世界の毒蛇には、コブラ科、ウミヘビ科、クサリヘビ科の三つの科があります。そのうち、ハブやマムシはクサリヘビ科に属する毒蛇です。中新世になると、これまで森林の多かった大陸が草原に変わったといわれています。その草原にはイネ科の植物が広がり、それを餌とする小鳥やネズミ類が栄えました。そして、それを捕獲するナミヘビ科のヘビ類が大繁栄したわけです。そのなかで、獲物を捕るためにもっとも発達した段階に達したのが毒蛇だったのです。彼らは、ピット管という優れた熱感知器官と、毒という武器で容易に獲物を獲得することができるようになったわけです。このように、ハブはヘビの仲間で進化の頂点に立つヘビといえます。

沖縄に棲むハブの近い親戚は、遺伝子から見ると中国大陸に棲むジェルドンハブで、中国西部のミャンマー国境付近から秦嶺《チンリン》山脈にかけての山岳地帯に広く分布しています。その地域と沖縄島・奄美大島・トカラ列島との間には、サキシマハブやタイワンハブの分布地域が広く存在し、ハブやジェルドンハブは、地理的に隔離されたようになっています。これからも、ハブが古い時代に沖縄に渡ってきたことが推定されます（図32）。

第七章　沖縄の火山活動

粟国島への船旅

　鹿児島県出身の俳人に篠原鳳作がいます。東京大学を卒業したあと、一時期、沖縄県の宮古中学校で教師をしていました。その時に詠んだ俳句で、「しんしんと肺青きまで海のたび」という印象的な句があります。彼の代表作の一つになっています。南国沖縄の明るくて青い大海原の真っ只中、船で旅するときの弾むような気持ちがみごとに詠われています。

　ところで、私は大学時代に「火山岩」を主に研究していました。その関係で、沖縄に帰って、まず最初に調査に出かけた島が久米島と粟国島でした。今でこそ飛行機で渡る時代になりましたが、そのころは船旅が普通でした。片道数時間もかけての船旅、船の周りに跳ぶトビウオ、海の色、水平線の入道雲、まさに篠原鳳作の句のような旅でした。

　そのころの調査でいまでも忘れられない一つに粟国島の調査があります。二泊三日の予定で粟国島に渡りました。しかし、台風が接近したために十日間も島に閉じこめられてしまったのです。お陰で調査ははかどりましたが、いまとは隔世の感があります。

島に向かう船から粟国島を見ると、左側（西側）が高く、右側が低くなっており、まるで海に浮かぶ大きな楔のような形をしています。このような地形の粟国島が首里の高台からも見えるということを知ったのは後のことでした。島に近づく船からは西側の高くなった崖は真っ白に見えます。日が当たっているとき、まばゆいばかりに輝くその白さは、まるでイギリスのドーバー海峡の「ホワイトクリフ」を思わせます。一方、その手前の海岸から港にかけては逆に真っ黒な磯海岸が続いています。他の島とはまるで違った外観をしているのです。じつは、それが火山に関係した岩石がつくる景観だったというのがわかったのは島に上陸してからのことでした。

火山岩がつくる黒い海岸

船が港に着いたら左側西に向かって海岸を歩いてみましょう。ただし、潮が干潮の状態であるか確認が必要です。筆者のような年齢にはいささか荷が重いコースですが、若い方には歩きがいのある磯海岸です。海岸を西に向かって進みますと、沖縄島ではまったく目にすることができない岩石が続々とでてきます。溶岩、火山弾、凝灰岩、火山弾でくぼんだ凝灰岩、きれいなしま模様の凝灰岩、溶岩の熱で焼けた凝灰岩、鉄平石（安山岩の溶岩が板状に割れたもの）などなど、一つ一つ見ていくと、いくら時間があっても足りません。また、溶岩や凝灰岩からなる海岸が、波の浸食によってできた波食台の男性的な景観もなかなか良いものです。

図33　溶岩（黒色）の熱で赤く灼けた凝灰岩と白色疑灰岩の崖

港から一・三kmほど歩くと、白い崖との境目にでます。その手前の赤く見える岩が、お薦めのポイントです（図33）。上の方に真っ黒な溶岩、下がレンガ色の凝灰岩です。凝灰岩がレンガ色になっているのは溶岩の熱によって焼けたことを示しています。その証拠に、接触部に近い方から遠ざかるに従ってレンガ色の赤みがだんだん薄くなっています。また、凝灰岩との接触部に近いところの溶岩は粉々に割れています。これは地表を流れる溶岩が冷たい地面に触れることで速く冷え、その上をまだ冷えていない軟らかい溶岩が流れようとするため、すでに冷えて固まった下の溶岩が引きずられて壊れてしまったわけです。この露頭の前にいると、火山の少ない沖縄県にいて、火山の活動を目の前に見ているような、貴重な体験ができます。これらの火山岩類を東層と呼んでいます。

白亜の崖―白色凝灰岩がつくる断崖―

黒い海岸を抜けたところに突然現れるのが「白亜の崖」です。軽石質の凝灰岩からなる崖です。もっとも高くなった筆ん崎では九〇mほどの絶壁をなしています。この凝灰岩にはいろいろな種類の火山岩が礫としてふくまれています。その礫の性質を調べれば、地下にどのような岩石が潜んでいるかがわかるわけです。たとえば、礫として真珠岩や黒曜石などガラス質の珍しい岩石、地下の深いところでできる花こう岩などが見られます。真珠岩や黒曜石は、沖縄県内の地表では見られない珍しい岩石です。白い崖をつくる岩石は筆ん崎層と呼ばれています。

さて、この筆ん崎層の凝灰岩ですが、軽石質のため軽いのは

図34　トゥージ（凝灰角礫岩でつくった水瓶）

良いのですが、たいへん軟らかくてもろい岩石です。ところが、その中に火山岩のかけらが混じると、しっかり固まった岩石になります。火山岩の混じった岩石を凝灰角礫岩（または火山角礫岩）といいます。むかし、井戸の少ない粟国島の人びとは、この凝灰角礫岩を切り出して、サバニ（刳り舟）に吊して村まで運び、天水をためるための水甕に利用していました。これをトゥージと呼んでいます。トゥージの大きさは各家々の裕福の度合いを示しているそうです（図34）。白色凝灰岩および凝灰角礫岩がつくる崖は、沖縄県で第一級の天然記念物候補だと思います。

むかし粟国島には湖があった

海岸の観察がすんだら島の上に上がり、筆ん崎から西集落にかけての火山岩を観察します。そこでは凝灰岩の中に、貝化石、広葉樹の葉、針葉樹の葉、花粉などの化石が産出します。木の葉の化石をふくむ凝灰岩は、細かくてきれいなしま模様の見られる地層です。この粟国島の地層とよく似た地層で、全国的に有名なものに、栃木県塩原にある「木の葉石」と呼ばれる地層があります。塩原の地層はむかしの湖に積もってできた地層です。つまり、粟国島の凝灰岩も塩原の地層によく似ていることから、粟国にもむかし湖があったと考えられます。最近、凝灰岩層から淡水性の珪藻化石、中国南部や台湾に自生するマツ科アブラスギ属のユサンの球果や花粉が発見されています。

白色の凝灰岩の上にはさきほど海岸で見た黒い岩石、安山岩がのっています。それにはみごとな玉ねぎ状の模様が見られます。火成岩や砂岩などが風化したときによく見られる模様です。

奥武島の畳石

粟国島の次は久米島の火山岩の観察です。まず、観光地の一つである奥武島の畳石から見ることにします。私が最初に畳石を訪れたころには、干潮のとき歩いて渡るか、または舟で渡るかでした。しかし、いまは橋が架かっており、車でスイスイです。橋を架けたために海水の流れが変わったからでしょうか、以前より畳石の全容が狭まっているように感じます（図35）。

畳石は、奥武島の南海岸にあり、亀の甲羅のような模様の

図35　畳石（亀甲石）。安山岩質溶岩の柱状節理によってできた模様

見られる岩石です。それで別名「亀甲石」とも呼ばれています。亀の甲羅のような模様は、節理といわれる割れ目が、岩石の中にできたために生じたものです。畳石は、むかし噴出した安山岩質の溶岩です。節理は溶岩が冷えて固まっていくときに、体積が縮んだためにできた割れ目です。畳石の節理は縦にできた割れ目で、柱状節理といいます。横から見れば柱のように見えるはずですが、上から見ているので亀の甲羅のように見えるわけです。

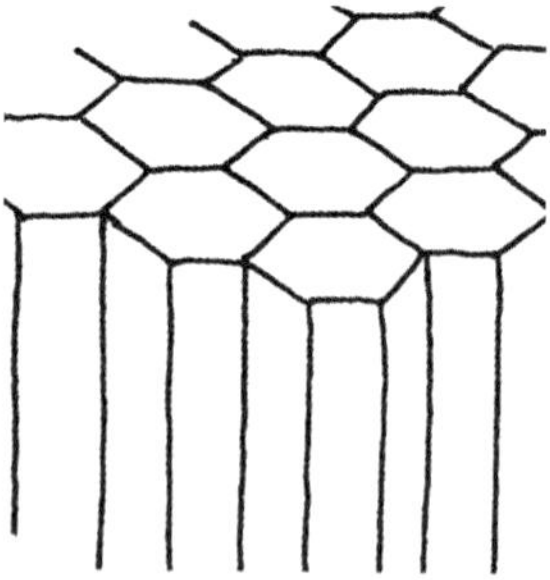

図36　柱状節理の模式図。畳石の内部の様子

つまり、六角形の鉛筆を束ねて、上から眺めているようなものです（図36）。六角形の模様の直径から類推して、その柱の長さは一〇〇mにもなるだろうといわれています。このような規模の柱状節理は珍しく、県の天然記念物にも指定されています。畳石の年代は約六〇〇万年前で、中新世末期の火山岩といえます。

立神岩

島の最高峰、宇江城岳（三〇九・五m）は火山岩類からできています。その火山岩類を宇江城岳層と呼んでいます。宇江城岳から大田にかけて、それに比屋定から仲村渠にかけての北海岸沿いと、久米島北西部のかなり広い範囲に分布する火山岩類です。岩石が黒っぽくて溶岩、凝灰岩、凝灰角礫岩などからなるのは粟国島の東層とよく似ています。ほぼ同じ時代に噴出した火山岩類だと考えられます。宇江城岳層の玄武岩で年代を測定した結果、約二二〇〜二七〇万年前の値が得られています。

さて、宇江城の北海岸に行きますと、アンマーグシクと地元で呼ばれているところに、みごとな安山岩の岩脈があります。また海岸に沿って西へ四〇〇mほど行きますと立神（タチジャミ）と呼ばれている衝立状の岩が海に向かって出ています。これは流紋岩からなる岩脈です（図37）。ほかにも玄武岩の岩脈などが見られます。

図37　流紋岩からなる立神（久米島町宇江城）

これらの岩脈群は、宇江城岳層の溶岩や火山灰・火山弾などが噴出したあとに、火山の割れ目に沿って貫入したものです。岩脈をつくる岩石が周囲の火山岩より硬いため、風化・浸食が遅くて衝立状になって残っているわけです。とくに立神はみごとで天然記念物に指定したいほどの岩脈です。

緑色の火山岩――グリーンタフ――

目を島の南東部に向けますと、阿良岳を中心として、また別の火山岩類が分布しています。これを阿良岳層と呼んでいます。阿良岳層の溶岩の年代は、約一二六〇万年〜一七七〇万年前の値が求められています。宇江城岳層の溶岩より一段と古い時代で、中新世の中期を示しています。

黒っぽい岩石の宇江城岳層と違って、阿良岳層の岩石は緑色がかっているのが特徴です。これは阿良岳層の火山が噴火するときに、噴出した溶岩や火山灰が熱水と化学反応を起こして、中の鉱物が緑泥石に変化したために緑色に見えるのです。阿良岳層によく似た岩石は、北海道、秋田県、新潟県、島根県、鳥取県、それにフォッサマグナ沿いに広く分布します。岩石の色から、グリーンタフ（緑色凝灰岩）と呼んでいます。火山にともなう熱水から沈殿した熱水鉱床がふくまれるのが特徴です。金・銀・銅・鉛・亜鉛などの金属鉱床は、グリーンタフ地域にできた熱水鉱床としてできたものが多く見られます。阿良岳層も岩石の特徴からグリーンタフの仲間といえます。

阿良岳層の岩石は硬く、また磨くと緑色を呈して美しい岩石です。そのためか、最近では「久米島石」として石材的評価が高く、県内で広く利用されています。

一方、沖縄島の中北部にはわずかながら岩脈の貫入が見られます。岩石の種類は石英斑岩と安山岩そして玄武岩で、年代は安山岩が約一一〇〇万年前、石英斑岩が約一五〇〇万年前で、阿良岳層のグリーンタフとほぼ同じ時代に貫入したものです。

久米島の金鉱

グリーンタフのメンバーである阿良岳層にも熱水からの沈殿でできた金属鉱床がふくまれています。久米島で見られる鉱床は、金と銅をふくんでいます。金鉱床はグリーンタフ中の石英脈中にふくまれています（図38）。金鉱床がはじめて発見されたのが一九三四年（昭和九）、三年後に採掘がはじめられましたが、二年後にはすぐに閉山になっています。埋蔵量が少なかったのでしょう。太平洋戦争が終わってから、米民政府の許可をもらっ

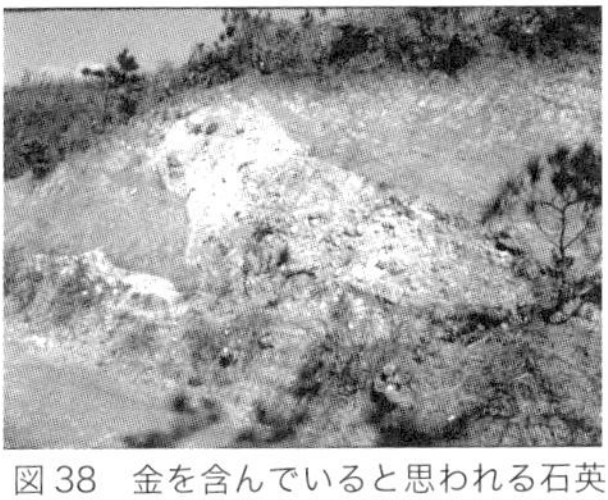

図38　金を含んでいると思われる石英脈。真ん中の白いところ（久米島町島尻）

て一九五三年（昭和二十八）に採掘が再開されましたが、翌年には坑内が水没し再び休山になり現在にいたっています。その廃坑の跡が銭田部落の近くにあり、「金泉」の名前で呼ばれています。久米島の金の品位は岩石一トン中約二〇グラムで、串木野金山の六・三グラム、佐渡金山の四・二グラムに比べるとたいへん多いのです。ですから、埋蔵量がどれぐらいあるのか、詳しく地質調査をする必要があります。

ガーネットがある渡名喜島

渡名喜島では、集落の北東にあるシド崎に、閃緑岩が見られます。放射年代は約一九〇〇万年まえを示しています。中新世前期の貫入岩で、久米島のグリーンタフより少し古い時代であることがわかります。この閃緑岩の熱によって、石灰岩がみごとな結晶質石灰岩（大理石）となっています。また、石灰岩と閃緑岩マグマとの反応で、接触部にはいろいろな鉱物の結晶ができています。もっとも多いのは茶色のザクロ石（ガーネット）で、他にヘデンベルグ輝石、磁鉄鉱、方解石、長石、緑レン石、水晶（石英）などが採集できます。

閃緑岩にともなって、デイサイト質凝灰岩、安山岩、玢岩、斑岩、アプライトなどが見られます。斑岩やデイサイト質凝灰岩は閃緑岩の熱の影響で変成岩の一種であるホルンフェエルスになっています。他は熱の影響が見られませんので閃緑岩より後に貫入したものと思われます。つまり、沖縄島の岩脈類や久米島の阿良岳層の火山岩類と同じころの火山活動でできたものでしょう。

沖縄で火山が活動した時代

この章では沖縄島やその周辺の島じまに見られる火山岩のようすを詳しく述べてきました。そして、火山活動の時代が中新世～鮮新世であったことがわかりました。それらをもう一度時代順にまとめながら、そのころの沖縄島地方の火山から見た地史をたどってみます。

約一九〇〇万年まえの中新世前期、まだ「島尻海」もできないはるか以前のことです。そのころの渡名喜島の地下では、マグマの胎動が起こっていました。渡名喜島のマグマはこれから起こる琉球列島の大変化（大陸から半島へ、そして島へ）のまえぶれを予感させるものでした。同じころ、先島地方には海が侵入し、八重山層を堆積させていましたが、そのことについては次章で詳しく述べることにします。

先島地方の一部に海が入り込んでいるのを除き、沖縄島付近から奄美にかけての琉球列島は広く陸地となり、中国大陸の一部になっていたと考えられます（141頁41図参照）。なぜかというと、約四〇〇〇万年まえの始新世以降、約一〇〇〇万年まえの中新世中期までの地層が、琉球列島の島じまには欠けているからです。地層とは海に積もるものですから、それが見られないということは、その地域は海ではなく、陸地だったということです。このときの陸地が後の琉球列島の土台となっているわけです。それ以後、奄美大島や沖縄島の国頭地方、それに石垣島の中心部山地は基本的には陸のままで現在にいたっています。

しかし、やがてその陸地の地表にも、渡名喜島で起こっていた地下の火成活動の影響が現れてきました。約一七〇〇万年前のことです。その場所は久米島です。久米島付近では、火山が盛んに噴出するようになりました。その時の火山噴出物が積もってできた地層が阿良岳層です。阿良岳層の中にはマグマからの熱水が入り込み、金や銅の鉱床もできました。阿良岳層の噴出と相前後して沖縄島の岩脈類も貫入しました。しかし、沖縄島では火山となって地表に噴出するほどの激しさはなかったようです。

約一〇〇〇万年前、沖縄島付近にも海が侵入してきました。「島尻海」の侵入です。すこし遅れて約八〇〇万年前に久米島の阿良岳層地域にも陥没が起こり、島尻海が侵入して真謝層を堆積させました。その後の長い島尻海の時代も、激しくはないが、火山活動が定期的に起こっていたようです。というのは、与那原層に何枚もの凝灰岩が挟まれていること、また久米島の奥武島に約六〇〇万年前の火山活動の跡が見られることからも推定できます。

約五〇〇万年前、久米島では、真謝層の海（島尻海）が隆起して陸地になっていました。そこに再び陥没が起こって海が侵入し、阿嘉層が堆積しました。約三〇〇万年前のことです。阿嘉層が堆積するころ、久米島付近は大河の河口付近だったと考えられています。というのは、阿嘉層には、大河（古揚子江？）の河口付近でできたと考えられる大規模なクロスラミナが見られるからです。

約二七〇万年前になると、再び活発な火山活動がはじまります。それが宇江城岳層や粟国島の火山岩類です。粟国島に湖があったのもこのころです。久米島や粟国島での火山活動は軽石をともなった噴火でした。その軽石は、遠く沖縄島付近まで運ばれ、新里層として堆積しました。その時の話は第六章「沖縄に高い山があった話」のところで詳しくお話したとおりです。

現在の火山活動―硫黄鳥島―

ここらで、沖縄の現在の火山について触れておきましょう。九州地方は阿蘇山、雲仙普賢岳、霧島、桜島など、活火山が多数あり、日本でも有数な火山地帯になっています。一方、沖縄県には活火山がないと思っている人が多いのではないでしょうか。ところが、県内にも活火山の見られる島があるのです。それは硫黄鳥島です（図39）。奄美大島の南西約五〇㎞にある徳之島から西に、約六五㎞のところにあります。一九〇三年（明治三六）の大噴火で多くの住民が久米島に移住しました。その後しだいに住民が帰島し、太平洋戦争あとは小中学校もできましたが、一九五九年に再び大噴火の恐れがあるということで全住民が移住し、現在は無人島になっています。住民の多くが久米島に移住した関係で、鹿児島県の徳之島近くにありながら行政的には沖縄県島尻郡久米島町ということになっています。

硫黄鳥島は、研究者によって琉球火山帯に属する火山の一つとされています。阿蘇山にはじまって、霧島・桜島・開聞岳・口永良部島・中之島・諏訪之瀬島と続き、硫黄鳥島に終わる火山帯です。西表島北の海底でも、一九二四年（大正一三）に火山噴火の記録がありますが、琉球火山帯の南方延長かどうかについては定かではありません。

硫黄鳥島の火山は北西部の硫黄岳火山体と南東部のグスク火山体からなる活火山です。

図 39　フツヤ山の溶岩円頂丘（硫黄鳥島）

硫黄岳火山体には火口湖が形成されており、常時乳白色の水が溜まっています。一方、グスク火山体は硫黄岳火山体ほど活動的ではありませんが二重の外輪山ができていて、むかし大きな爆発が繰り返しあったことが想像できます。硫黄鳥島の火山活動がいつ頃からはじまったかはっきりしたことはわかりませんが、阿蘇や桜島の年代から考えて、数万年前の更新世後期からはじまっていたと推定されます。この硫黄鳥島の火山活動は、前に述べた久米島や粟国島におけるむかしの火山活動が現在に引き継がれたものだと考えられます。

硫黄鳥島からは硫黄が採れるため、薩摩に占領されたあとの琉球王国時代にも、王府の直轄地として硫黄が採掘され、中国貿易に利用されていました。

第八章　沖縄の石炭時代

地下の鳴動――於茂登花こう岩の形成――

第七章では沖縄島付近で起きた、中新世から鮮新世にかけての火成活動について詳しく述べてきました。ここではそれより少し前の時代、漸新世（三三九〇万～二三〇〇万年まえ）の火成活動について見てみましょう。

琉球列島の島じまには、漸新世にできた地層は見つかっていません。ということは、その時代琉球列島はいずこも陸地であったことを示しているわけです。しかし地下深くでは、中新世から鮮新世にかけての火成活動にさきがけて、すでに地殻の胎動がはじまっていたのです。

読谷村の長浜ダム周辺にはマグマの熱変成を受けてできたホルンフェルスという岩石が分布しています。その熱を運んできた岩石はトーナル岩というもので、残念ながらいまは長浜ダムの底深く沈んで見ることができません。しかし、地下には広くトーナル岩があると考えられます。その岩石が地下でマグマが胎動した証拠です。いまから約三〇〇〇万年まえの岩石です。

一方、石垣島には於茂登花こう岩類が分布しています。於茂登岳を中心に、川平半島にかけて見られる火成岩体です。年代を測定すると、約二九〇〇万年まえで、読谷村のトーナル岩とほぼ同じ時代を示しています。つまり、先島から沖縄島まで広く大陸の一部であったと考えられる当時（漸新世）の琉球列島で、地下ではすでに中新世〜鮮新世の火成活動に先駆けて、地下の鳴動がはじまっていたわけです。また、地殻変動の前触れと言えば石垣島が回転したという話もありますが、これが次の話題です。

島じまの移動と回転

磁鉄鉱の粉に磁石を近づけると吸い付きます。地球も大きな磁石です。ですから地層や岩石の中に磁鉄鉱があると、その時代の地球磁場の影響を受けます。例えば、地層が堆積するとき、砂粒の一つである磁鉄鉱は、その時の地球磁場の向きに並んで堆積します。また、溶岩が冷えるときには、磁鉄鉱がマグマから結晶となって出てきますが、その時にも地球磁場の方向に磁器を帯びるわけです。このように、地層や火山岩中の磁鉄鉱は、地層や火山岩ができた時代の地球磁場の様子を化石のように保存しているということになります。古い地球磁場の研究をする学問を古地磁気学といいます。古地磁気学を利用することで、大地がどのように変化してきたかを知ることができるわけです。そこで沖縄での古地磁気の研究結果を見てみましょう。

世界中に分布するいろいろな地質時代の岩石で古地磁気を調べた結果、始新世より古い時代の北極の位置は現在の位置とは違っていたが、それ以後の時代はほとんど現在の位置まで極が近づいていたことがわかっています。そこで、始新世以後の岩石を使って極の位置を調べ、それが現在の位置と違っていたら、それは岩石の乗っている島が動いたということを示していることになります。そこで、古地磁気の研究者は久米島の火山岩（鮮新世、第七章参照）、沖縄島の嘉陽層の泥岩（始新世、第九章参照）、それに石垣島の野底層の火山岩（始新世、第九章参照）を使ってむかしの北極の位置を調べたわけです。もし島の位置に変化がなければ、これらの岩石はいずれも始新世以降、極の位置が変わらなかったと考えられます。しかし、測定結果は予想をくつがえすものでした。久米島と沖縄島ではいずれも現在の極とほぼ同じ方向を示していましたが、石垣島の場合は大きく違っていて、東の方に三五度もずれていたのです。つまり、八重山諸島は野底層が堆積した後、時計回りに回転したことを示しています。島が動いたのです。では動いたのは八重山諸島だけだったのでしょうか。いいえ、別の証拠から琉球列島全体が南に向かって動いていたらしいのです。それについて次に説明しましょう。

南に動いた琉球列島

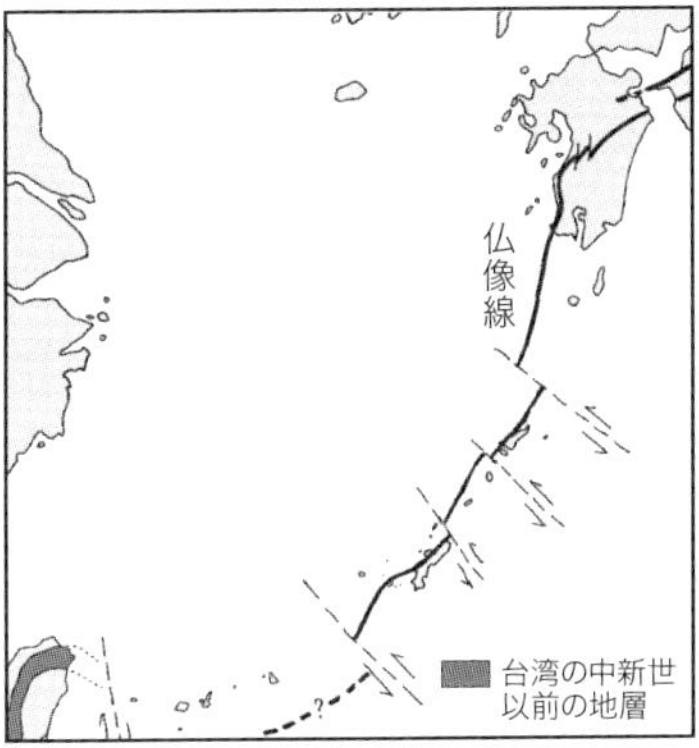

図40　琉球列島における仏像構造線の屈曲（九州）と台湾の中新世地層

西南日本を人工衛星から写した写真で見ますと、紀伊半島から四国、九州にかけて東西方向に直線状に伸びた地形が目につきます。それは中央構造線という大断層がつくる地形です。また、その南側にもやはり大きな断層がありますが、それを仏像構造線（仏像線）と呼んでいます。いずれの構造線も、中生代の白亜紀後期に活動を開始した大断層です。仏像構造線は、中央構造線とほぼ平行に西にのびて九州につづき、鹿児島県の薩摩半島で大きく南に向かって曲がり、琉球列島の方向へ変化しているのです（図40）。一方、南の台湾では、中新世より古い時代の地層が、台湾の北部で大きく南に曲がっていることが知られています。

このように、琉球列島は北の端でも南の端でも地層が南に向かって屈曲しており、島じまが南に張り出すように動いたことを示しています。おそらくそのはじまりは、さきほど述べた石垣島の回転がはじまったのと同じころでしょう。琉球列島の島じまが南に動いたり回転したりした原因は、フィリピン海プレートの移動と日本海や東シナ海の拡大によるようです。それは次のような説明されています。

約二〇〇〇万年まえの中新世のはじめごろ、大陸から日本列島が分離して日本海ができはじめたといわれています。おそらく東シナ海も同じころにできはじめたのでしょう。本州はその後フォッサマグナで折れ曲がり、西日本は時計回りに回転しました。

一方、東シナ海は南の方から開きはじめたと考えられます。現在の沖縄トラフの深さが北より南で深くなっているのもそのためでしょう。開きはじめたところには海が侵入し、八重山層が堆積していきます（図41）。

分離しはじめた琉球列島は、南琉球（先島）が、台湾付近を起点にして中琉球より速く南に動いたために、石垣島は時計回りに三五度回転したというわけです。その時、台湾の地層も引きずられ、南に折れ曲がってしまったわけです（台湾の地層が折れ曲がったのは南から来たフィリピン海プレートが先島の西で衝突したときに生じたという説もある）。一方、北の薩摩半島では、東シナ海の北部が開くときに折れ曲がったと考えられます。

こうして琉球列島はしだいに南へ移動していき、後の「島尻海」の時代へと移っていくわけですが、しかし、しばらくの間、琉球列島付近は大陸のままでした。東シナ海が陥没して、いまのように深い海の沖縄トラフができるのは、「島尻海」ができて以後のことです。そのあたりのことは第五章でくわしく述べたとおりです。

さて、大陸から分離して真っ先に海に変わっていった先島地方では、八重山層という地層が堆積するようになりました。これについては次の節で説明します。

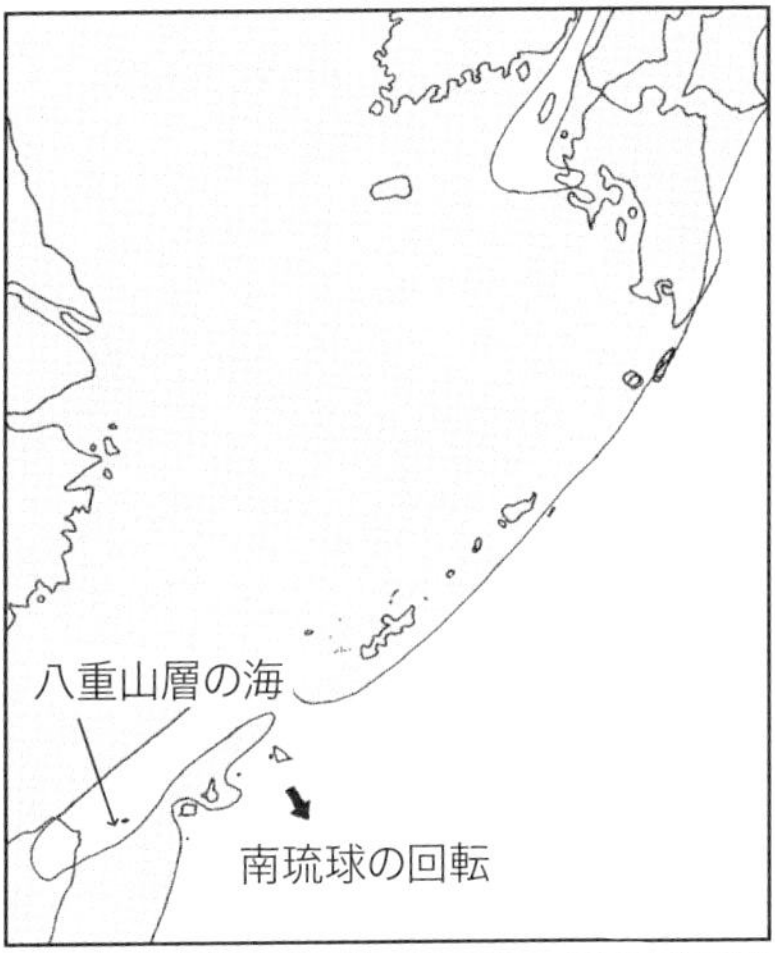

図41　中新世前期（約2300万〜600万年前）の古地理

ジャングルの島、西表島をつくる地層――八重山層――

石垣港から高速船で約三十五分、西表島東部の大原に着きます。西表島は、特別天然記念物イリオモテヤマネコの島で有名です。大原から海岸線に沿って北上し、北海岸を通って島の西側まで車の走る道が唯一ありますが、島の中央部は山だけで、案内人がいないと道に迷ってしまうぐらい樹々が生い茂ったジャングルです。

このジャングルの島、西表島をつくっている地層は、そのほとんどが八重山層という地層からなります。観光地で有名なマリウドの滝やカンピレーの滝、ピナイサーラなどをつくる地層です。おもに砂岩と泥岩からなる地層で、海底でのボーリング調査などによると、厚さが四〇〇〇m以上もあることがわかっています。

八重山層に相当する地層は、西は台湾や与那国島から北は尖閣諸島まで分布しています。また、東は宮古島の東方二十五㎞の海底に、南は石垣島南東五〇㎞の海底にも存在することが確認されています。このように、八重山層を堆積させた海は、東西が五〇〇㎞以上、南北が二五〇㎞以上もある広い海であったわけです。さらに、北九州にも八重山層と似た地層が分布します。

沖縄に石炭ができた時代

　ここで八重山層の特徴を見てみましょう。八重山層は、レピドシクリナやミオジプシナという有孔虫化石が発見されていることから、その時代は中新世の前期であることがわかっています。つまり、約二〇〇〇万年まえの地層ということです。

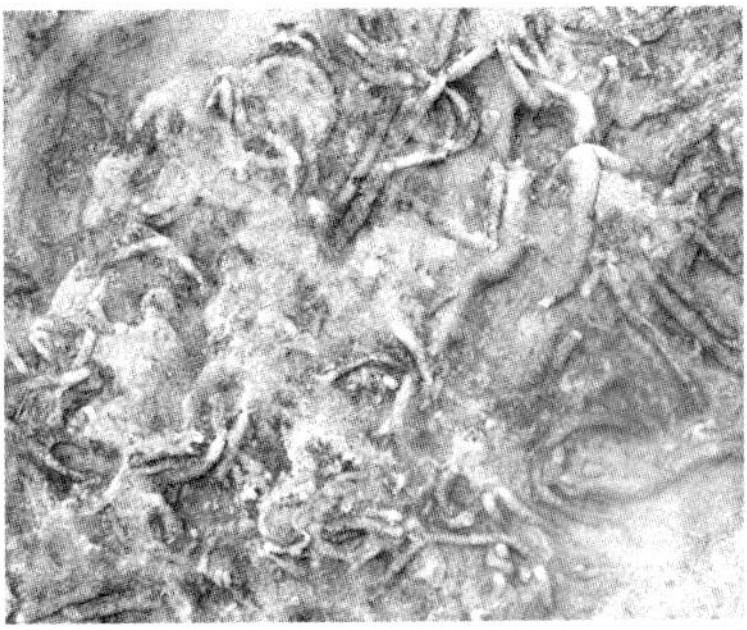
図 42　生痕化石（与那国島久部良バリ）

　八重山層を観察するために、与那国島のサンニヌ台や久部良バリに行きます。そこでは、ひねくり回したロープの切れ端、あるいはミミズのようなひも状の模様が地層の表面にたくさん見られます（図42）。これは、むかしの生物がつくった巣穴や這い回った跡などが、地層の表面に残ったものです。これを生痕化石といいます。また、西表島の祖納海岸などでは、クロスラミナと呼ばれる堆積構造が見られ、干立海岸などにはリップルマークという堆積構造も観察できます。生痕化石や堆積構造は、いずれも浅い海でできたことを示しています。一方、八重山層の地層にはカキやカシパンウニなどの化石も見られます。これらも浅い海の生き物たちです。

　しかし、八重山層を特徴づけるものは、何といっても石炭層を含むことです。石炭層は西表島の西部地域に多く見られます。内離島には厚さが二mもある石炭層があります。二mの石炭層ができるにはその一〇倍の厚さまで倒木が積み重なる必要があります。ということは、これだけの倒木を供給するために、八重山層が堆積する海のすぐ近くには大陸や台湾サイズの大きな島があったと考えられます。

　石炭層にともなう地層の中の花粉化石を分析すると、むかしの西表島付近の陸地にはシイノキ、カシ、クスノキ、タブノキ、シロダモなどが繁茂していたことがわかります。これらの植物はいまの西表島にも見られる種類ばかりです。つまり、八重山層が堆積する二〇〇〇万年まえ、西表島付近にあった陸地は、いまと同じような暖かい気候でおおわれていたというわけです。

　以上のような八重山層の特徴から総合的に考えると、八重山層が堆積した場所は、大きな内湾〜内海的な環境であったことが推定されます。

　ところで、西表島の石炭は、内離島で一八八五年（明治一八）に三井物産によって試掘が開始されて以来、太平洋戦争中に一時中断を挟んで、終戦の一九四五年（昭和二〇）まで採掘が続けられました。戦後、一九四七年（昭和二二）に米軍が上原の方で再び採掘をはじめ、五〇年（昭和二五）に民間の琉球興発に払い下げられましたが採算が合わず、二年足らずで操業を停止しています。その後もほそぼそと六〇年（昭和三五）まで採炭は続きました。戦前の炭坑開発では、国内の囚人や朝鮮人などを隔離し炭坑で強制的に働かせていたといいます。この事実は、西表島の歴史に残る一つの汚点となっています。

砂岩の中の鉱物は語る

ところで、八重山層の砂岩には、ジルコン、電気石、ザクロ石をはじめ、ルチル、十字石、モナズ石といった重鉱物がふくまれています。重鉱物とは比重が二・九以上の鉱物のことをいいます。砂岩を構成している砂粒は近くの陸地をつくっている岩石が風化・浸食されて海に運ばれたものです。ですから、砂岩中の重鉱物の種類や量などを調べることで、地層が堆積したころの陸地の様子を知る手がかりが得られるというわけです。

ということで、八重山層の重鉱物が調べられました。それが前に述べたジルコン以下の重鉱物です。これらの重鉱物は片麻岩や花こう岩に多い種類のものです。つまり、八重山層が堆積するころ、近くの陸地には片麻岩や花こう岩が広く見られたということを示しているわけです。しかし、いまの八重山地方には於茂登花こう岩の山以外にそのような陸地がありません。また、いまの石垣島に広く分布しているトムル層に多い緑レン石やラン閃石などは、八重山層には、それほど多くは含まれていません。つまり、八重山層の砂や泥は、そのほとんどが大陸やいまでは海の中に沈んだと考えられる陸地からもたらされたというわけです。

一方、与那国島の八重山層について、砂がどこから運ばれてきたかを調べると、四方八方いろいろな方向から運ばれてきたことがわかりました。ということは、当時の与那国島はまわりが陸地によって取り囲まれた湾ないし内海になっていたことが推定できます。また、台湾の地質学者の研究によると、当時、台湾の東側には大きな陸地があったと考えられています。これを「華東古陸」といいます。とすると、西表島や与那国島の砂は、この華東古陸から運び込まれたものかも知れません。あるいは、中国大陸南東海岸地方から運び込まれたとも考えられま　この海が、「南に動いた琉球列島」のところで述べたように、大陸から列島が分離していく過程で最初にできた「八重山層の海」というわけです。

第九章　琉球列島の「動」と「静」

これまでの章で説明したことを簡単にまとめますと、琉球列島地域は、読谷村や於茂登岳で見られたように、大陸時代の地下深くにおけるマグマの胎動にはじまり、南琉球の回転、「八重山層の海」の時代、久米島での火山活動の時代、動物たちの渡来、「島尻海」の時代、「琉球サンゴ海」、島の形成へと大きく変化していきました。さらに遡って新生代はじめごろの琉球列島の様子をみると、「動」の中琉球と「静」の南琉球に分けることができます。

高島をつくる地層――嘉陽層――

八重山層が堆積するよりも前の時代、つまり漸新世（約三三九〇万年～二三〇〇万年前）の地層は琉球列島では見つかっていません。ということは、その時代には琉球列島付近は広く大陸の一部だったと考えられます。しかし、さらにさかのぼって、約五〇〇〇～四〇〇〇〇万年ほど前の始新世中期には、沖縄島付近は海になっていたようです（図43）。そのことを知るためにその時代に堆積した地層を求めて沖縄島の北部に向かいます。

沖縄島の地層は、読谷村あたりを境に、北と南で分布する地層の種類に大きな違いがあります。そのために、地形にも違いが生じています。第三章で「高島」と「低島」の話をしましたが、南が低島の地域で、北が高島の地域になっているのです。その高島地形をつくっている地層の一つに嘉陽層があります。とく北部地域の東海岸、金武町から宜野座村、名護市東部（旧久志村）、それに国頭村宜名真から福地ダムにかけて広く分布しています。これがいまから見ていこうという始新世の地層なのです。一部に礫岩を伴いますが、主に砂岩と泥岩（頁岩）が交互に堆積した地層からなります。

嘉陽層は、かつて化石が発見されていな

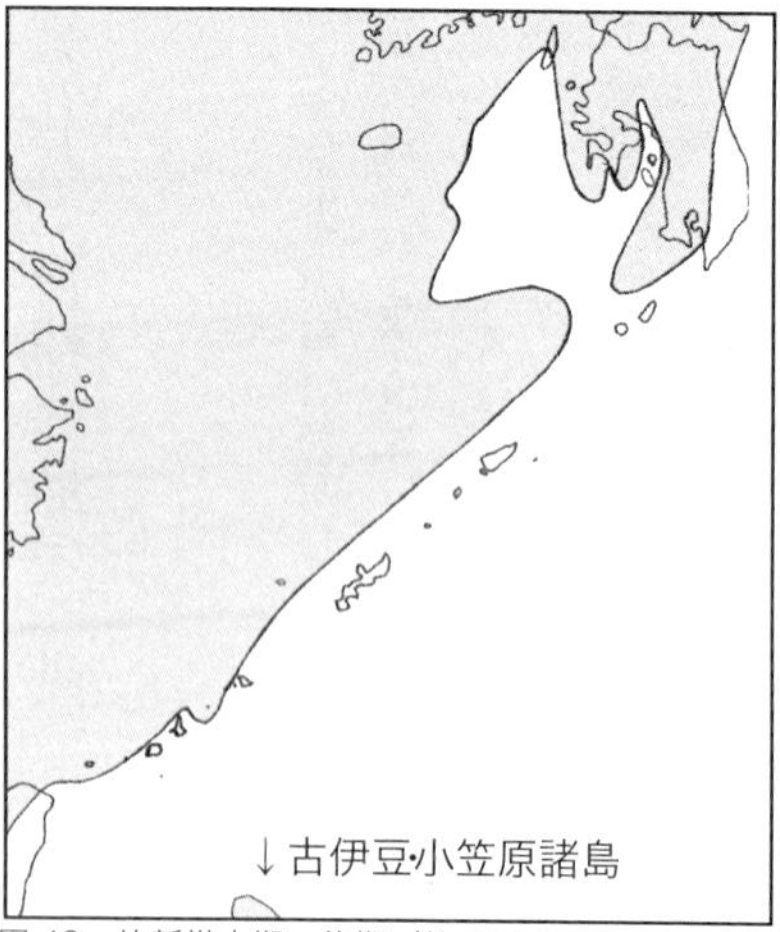

図43　始新世中期～後期（約5000万～3000万年前）の古地

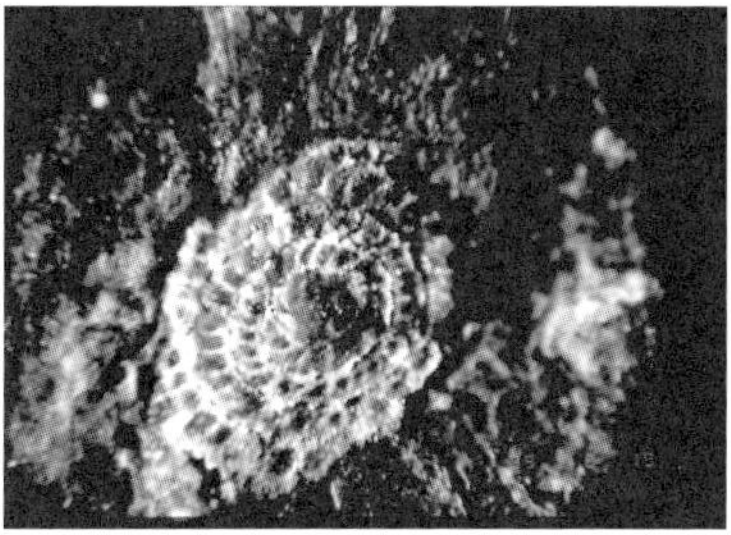
図44　ヌンムリテス（貨幣石）の化石（東村照久）

かったために、長い間、古生代の地層だと考えられていました。しかし、一九七〇年代に、当時金沢大学の先生をしていた小西健二氏によってヌンムリテス（貨幣石）化石が発見され、始新世の地層であることが明らかになりました。そのヌンムリテスをくわしく研究することで、時代は始新世の中期（約五〇〇〇万～四〇〇〇万年前）ということがわかったわけです。

嘉陽層の中にはときどき礫岩の層がはさまれています。その一つを東村照久の海岸や沢で見ることができます。そこの礫岩を観察すると、直径が五㎜ほどの渦を巻いた小さな化石が入っていることに気がつきます。それがヌンムリテス（貨幣石）という化石です。ヌンムリテスは浅い海に棲む原生生物の有孔虫の仲間です（図44）。

深い海の底だった沖縄島——嘉陽層が語ること——

いま、普天間基地の移転先で問題になっている名護市辺野古、そこから北へ車で約二〇分、名護市嘉陽に着きます。嘉陽の集落から天仁屋に向かって坂道を車で二、三分行ったところに、みごとな褶曲の露頭があります。砂岩と頁岩の互層がつくっている横臥褶曲です。高校の教科書の解説書にも紹介されたことのある有名な露頭で、名護市の天然記念物にも指定されています。この褶曲をつくっている地層が嘉陽層です。名護市嘉陽の地名をとって名付けられた地層名です。

嘉陽小学校の北側の海岸では、生痕化石も観察できます。生痕化石については第八章の八重山層のところでもふれましたが、むかしの生物の這い跡や巣穴などが地層の中に残ったものです。嘉陽層の中にはあちこちで生痕化石を観察することができますが、とくにみごとな生痕化石が見られるところはバン崎です。ではバン崎の観察に行きましょう。

有津と嘉陽の間にある天仁屋の集落から天仁屋川の河口に出て、海岸沿いに南へ約一・四㎞ほどいくとバン崎です。そこではいろいろな種類の生痕化石が観察できます（図45）。八重山層の生痕化石とは大きさや形がだいぶ違っています。このバン崎の生痕化石と、あとで触れる褶曲は、二〇一〇年に

図45　嘉陽層の生痕化石　スピロラフェ

国の天然記念物に指定されました。

嘉陽層の生痕化石をくわしく研究した結果、生痕を残した生物は、水深が三五〇〇～五五〇〇mというかなり深い海に棲んでいた生物、おそらく多毛類のものだと考えられています。つまり、嘉陽層が堆積した海はかなりの深海であったといえるわけです。ところが、まえの節で述べたように、嘉陽層にはヌンムリテス（貨幣石）という浅海の生き物の化石もふくまれています。これと生痕化石の結果は矛盾しています。さいわいなことにヌンムリテスは礫岩の中に見つかっています。ということは、ヌンムリテスも礫の一つとして浅い海から深い海へ運び込まれたと考えればこの矛盾も解決できるわけです。ヌンムリテスだけでなく、いろいろな物質が浅海から深海に運ばれたらしいことは、砕屑流といった現象や同時侵食礫をふくむ地層が多く見られることからもわかります。

プレートの動きの記録――嘉陽層――

前の節でふれたように、バン崎には、国指定の天然記念物のみごとな褶曲が見られます（図46）。また、天仁屋川河口からバン崎にかけては褶曲構造にともなって、南に向かって倒れ込むような形の逆断層がいくつも観察できます。褶曲は、砂岩層が多いところでは大きく褶曲し、頁岩（泥岩）層が多いところでは細かく褶曲するといった違いを示しています。

これらの地層は、全体的にバン崎に向かって倒れ込んだ形の逆転した地層群で、南側（バン崎側）から北側（天仁屋川）に向かって動いたプレートの運動によってできた構造だと考えられています。つまり、嘉陽層の褶曲・断層構造は、プレートの動きの忠実な記録というわけです。嘉陽層は、当時の海溝を埋め立てた堆積物で、琉球列島に付加した地層の中では、もっとも新しい地層ということになります（157頁地学コラム参照）。

堆積中の嘉陽層は、砂や泥の層に多くの水をふくんでいました。そのために、沈み込むプレートの圧力で泥にはさまれた砂層が不規

図46　嘉陽層の湾曲（名護市天仁屋バン崎）

則な厚さに変形しているのもそのためだと考えられます。さきほどふれた砕屑流という現象は、圧力を受けてふくれた砂層から水が噴出し、より粘着性があって、若干固まっていた泥層をはぎとり、その結果できた破砕物が再堆積したものです。その一部は、移動していく際に、下にあった地層を削る場合もあります。

このように、嘉陽層は堆積中からプレートの運動に伴ってどんどん変化していったわけです。そして、地層全体が大きく変形しながら最終的には数一〇〇〇ｍも隆起し、現在のような島をつくる地層として陸上に現れているわけです。

ヌンムリテス（貨幣石）の海―ピラミッドをつくる石―

話は南琉球の八重山地方に飛びます。沖縄島が深い海でプレートの動きによって大きく地殻変動を受けていたころ、八重山地方では浅くて静かな海の時代が続いていたようです。というのは、石垣島、西表島それに小浜島には、沖縄島よりいくぶん新しい時期ではありますが、宮良層という始新世後半のペラスティペラ（ヌンムリテスの一種）を含む地層があります（図47）。しかし、地層は石灰岩であり、ヌンムリテス以外にも、石灰藻、カキなども含み、浅い海に堆積してできた地層なのです。また、宮良層は、褶曲も変成もまっ

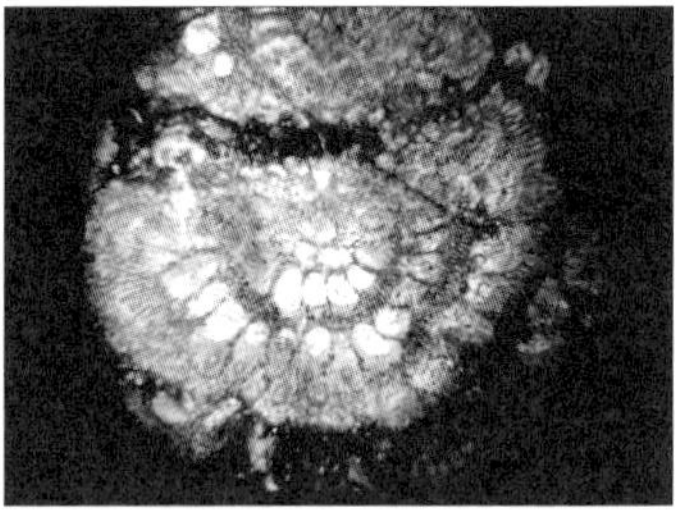

図 47　宮良石灰岩中のペラティスペラ

たく受けていません。つまり、八重山地方は宮良層の堆積して以降、中琉球（沖縄島地域から奄美大島）とは違い、褶曲を伴うような激しい地殻変動を受けていない地域だということになります。

　ここで少し話題を変えてヌンムリテスについての話をしておきます。生物界は、大きくモネラ界、原生生物界、菌界、動物界、植物界の五つに区分されています。ヌンムリテスはそのうちの原生生物界に属し、その中の有孔虫門に位置づけられます。有孔虫の大部分は数㎜以下の小さな生き物ですが、中には一〇㎝を越えるものも知られています。有孔虫化石が多く見つかるようになるのは、カンブリア紀（約五億四二〇〇万～四億八八〇〇万年前）になってからですが、その祖先が地球上に現れたのはそれ以前の先カンブリア時代だと考えられています。

　有孔虫の仲間は地層の時代を決めるのに役に立つものが多く（これを示準化石といいます）、その代表は古生代後半の石炭紀～ペルム紀（約三億五九〇〇万年～二億五一〇〇万年前）に出現したフズリナの仲間、それにいま話題にしているヌンムリテス、また第八章で説明した八重山層に産出するレピドシクリナなどが有名です。それから第一章で触れた星砂は現在生きている有孔虫です。

さて、ここで話題にしているヌンムリテスですが、はじめて記録に残したのは紀元前五世紀ごろの歴史学者、ヘロドトス（ギリシャ）だといわれています。彼は、エジプトのピラミッドをつくっている石灰岩の中にヌンムリテスを見つけ、ピラミッドをつくる人が落としたものが石になったと考えたそうです。ピラミッドをつくる石灰岩には、直径が一五㎝を越える大きなヌンムリテスもふくまれています。また、ヌンムリテスがコインの形をしているため中世には、むかしの人が使っていた貨幣と考えていたこともあったようです。ちなみに、地質時代を表現するために、フランスではヌンムリテスがあまりにもたくさん地層からでることから、最近まで始新世を貨幣石紀と呼んだ時代もありました。

先島地方では、約四〇〇〇万年も前からいまのような暖かくて浅い海が陸地を取り巻き、現在のサンゴ礁の海を彷彿とさせるような景観が広がっていたようすを想像してみましょう。そして、同じような海が、熊本県の天草地方、東京都の小笠原、そしてとおくエジプトにもあったことを思うと楽しさが倍加する感じがするでしょう。

古いグリーンタフ―野底層―

さて、ヌンムリテスが繁栄していた海にもしだいに変化が起こってきました。というのは、宮良層の上に野底層と呼ばれる火山に関係した地層が見られるからです。野底層の岩石は緑色になっているのが特徴です。みかけは第七章で説明した久米島のグリーンタフとよく似ています。それで、以前は久米島と同じ時代の火山岩類だと考えられていました。しかし、いまでは宮良層と同じ時代の地層だということがわかって、「始新世のグリーンタフ」ということになっています。宮良層と同じ時代の火山活動は日本列島では知られておらず、とおく小笠原諸島の父島・母島やマリアナ諸島のグアム島、それにパラオ諸島に同じような火山活動があったことが知られています。始新世には、先島の南方に古伊豆・小笠原諸島があったといわれていますから、八重山地方の野底層は、その北方延長にあたるかも知れません（148頁の図43参照）。

野底層は石垣島の屋良部半島や星野から伊原間にかけての地域に広く分布しています。とくに、御願崎の海岸をつくる緑色の岩石、それに野底岳の山姿は印象的です。屋良部崎ではいろんな堆積構造が観察でき、野底層の堆積のようすを知るのに適した巡検地です。

宮良層と野底層を堆積させた海はしだいに隆起し、やがて陸上に顔を出し、浸食作用を

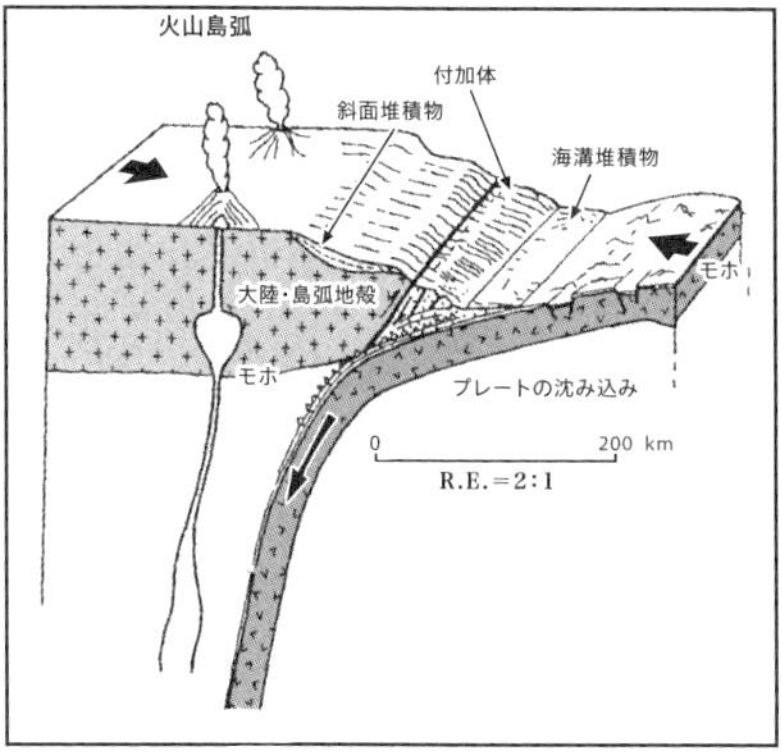

受けていきます。やがて再び沈降の時代がおとずれ、次の八重山層が堆積する海へと変わっていくわけです。

一方、沖縄島付近は、嘉陽層がプレートに押し上げられて陸地に変わったあとは、島尻層が堆積するまで、長い長い陸地の時代が続きました。

■コラム〈付加体について〉

海溝やトラフにおいて海洋プレートが沈み込むときに、海溝底にたまっていた堆積物がはぎ取られて陸側へ押しつけられていく。その際、陸から運ばれてきた砂岩や泥岩とプレートが運んできたチャートや玄武岩質溶岩などが、逆断層を伴いながら複雑に入り混じった地層群ができる。これを付加体という。付加体がいくつも付け加わると、帯状の地質構造帯ができる。

第十章　大東島の大移動

無人島だった大東諸島

　これまでの話はすべて琉球列島に関するものばかりでした。ここで話はしばらく琉球列島を離れて沖縄島から約三六〇㎞東にある大東諸島に飛びます。大東諸島は北大東島と南大東島、それに少し離れた沖大東島の三つからなります。無人島だった大東諸島に開拓者が入ってからまだわずかに一一五年（二〇一五年現在）しか立っていません。しかし、それ以前にも「ウフアガリ島（はるか東にある島という意味）」として沖縄の人びとに知られていました。また、一八二〇年にはロシアの海軍佐官により発見されており、艦の名前にちなんでボロジノ諸島という外国名もつけられています。それから、アメリカ海軍のペリーも一八五三年小笠原諸島から沖縄に寄港する途中に寄っています。

　さて、日本人によって大東諸島が問題となったのは一八八五年（明治一七）以降です。その年に明治政府によって日本の領土であるということで国旗が立てられ、一八九〇年代には開拓のために何回か上陸が試みられましたが成功しませんでした。そして、とうとう一九〇〇年（明治三三）になってはじめて、八丈島出身の玉置半右衛門が南大東島への上陸に成功し、島の開拓が始まったわけです。

琉球海溝を越え、船で大東諸島に近づくと、琉球列島の他の島じまとはまったく異なる海岸線をつくっているのがよくわかります。南北両大東島とも海岸線には砂浜がまったくありません。島は数m～二〇数mの断崖によって取り囲まれていて、船を寄せ付けません。長い間開拓者たちを拒んできたわけがわかるような気がします。今では飛行機で一時間足らずでひとっ飛び、また海岸には、岩をくり抜いて立派な港ができました。しかし、かつては島に行くには船だけ、その船も上陸するためには、人も荷物もモッコに吊されて島に揚げられたのです。台風や冬の季節風が荒れたとき、船はしばしば欠航したり、島を目前にして引き返したりしました。当時の苦労が忍ばれます。さあ私たちもモッコに吊されたつもりで島に上陸してみましょう。　ところで、モッコではありませんが、台風の時には、島が大きく揺れるのが、地震計に記録されるそうです。

大東島に深い穴を掘る—大東島の生い立ちを求めて—

上陸して島の地形を見ると、琉球列島の島じまとまったく異なることがわかります。さきほど見たように、海岸線が断崖になっているだけでなく、標高が数一〇mで幅が数一〇〇mの高所が島を取り囲むようにあり、島の中央部が鍋底のように低くなっているのです。そして、島の中央部にある池の水面は、潮の干満にあわせて高くなったり低くなったりを繰り返しています。つまり池の水と海水は地下の水路を通ってつながっているのです。

さて、このように特異な地形をもつ島であるため、古くから地質学者の興味を引いてきました。島の地質を調べるために、東北帝国大学の矢部長克によって一九三四（昭和九）年と三六（昭和一一）年に北大東島で深いボーリングが実施されました。その結果、四三〇mまでの岩石のようすがわかりました。その深さは、アメリカのフロリダ州ケイウェストで実施されたボーリングには及びませんでしたが、当時世界でもっとも深いボーリングの一つとして、地下の貴重なデータを得ることができました。そして、大東島をつくっている岩石は、四三〇mの地下まですべて石灰岩でできていることがわかったわけです。一番下の石灰岩からは漸新世（現在、約二四三〇万年前という年代が求められている）の化石が得られました。そして、最近では一九八〇年代に実施された大東海嶺でのボーリングにより、約五二〇〇〜四八〇〇万年前の石灰岩も確認されています。つまり、大東島は始新世の前期からサンゴ礁が発達してできた島だということがわかったわけです。ではなぜ昭和のはじめにそのような深いボーリングまでして島の岩石を調べたのでしょうか。それには当時サンゴ礁の成因に関わる次のような仮説があったからです。

サンゴ礁の成因についてはじめて学問的に提唱したのは、進化論で有名なチャールズ・ダーウィンです。ダーウィンは、二二歳のとき、イギリス海軍の測量船ビーグル号に乗船し、南半球を航海しました。航海は五年間にもおよび、その経験をもとにして進化論を考えたといわれています。その時の航海で、サンゴ礁のようすをいくつも観察し、裾礁、堡礁、環礁の三つのタイプがあることに気がつきました。そして、三つのサンゴ礁の成因についても考察したわけです。それが「ダーウィンの沈降説」です（図48）。それは次のようなものです。

熱帯地方に火山島ができます。噴火がやむと、その島のまわりにはサンゴが生育し、まず裾礁ができます。やがて、この島はゆっくり沈降をはじめます。これと平行してサンゴ礁のサンゴは上へ上へと成長をするわけです。沈降速度にくらべて成長する速度が遅いと、火山島だけが沈んでしまい、サンゴ礁は消滅します。しかし、沈降速度と成長速度が同じぐらいだと、島の沈降に伴ってサンゴ礁はどんどん成長し、陸地とサンゴ礁の間に礁湖（ラグーン、イノー）をつくり、リーフ（礁縁、干瀬）がずっと陸から離れた位置にある堡

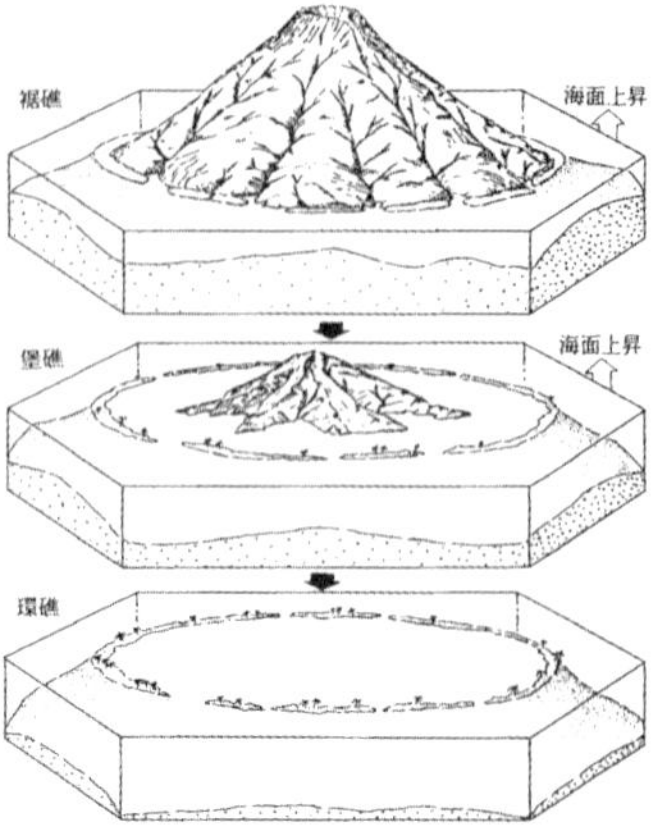

図48　ダーウィン沈降説の説明図（氏家1996より）

礁タイプへと変化します。第一章でふれたように、この裾礁と堡礁タイプが沖縄で見られるサンゴ礁となるわけです。

さらに島の沈降が進むと火山島は海面下に消え、礁湖だけが残ります。そして、成長を続けたサンゴ礁が輪のように礁湖を取り囲んでいる環礁というタイプになるわけです。

これで北大東島に深いボーリングをしたわけがわかったでしょう。そうです、石灰岩の下に火山岩があるかどうかを調べるのが目的だったわけです。しかし残念ながら北大東島でのボーリングは、沈降したと思われる火山島までは到達しませんでした。じつは、沈降した火山島が海底下深くに存在することが確かめられたのはずっと後のことで、第二次世界大戦後の一九五三年（昭和二八）、アメリカが原水爆実験に利用したエニウェトック環礁で行ったボーリング調査の結果でした。なんと一二五〇mの深さまでボーリングを実施し、はじめて火山岩にぶち当たったわけです。これでめでたくダーウィンの沈降説が証明されました。北大東島の四三二mではとても火山岩に届かなかったのはしかたがありません。しかし、このボーリングは世界に先駆けた試みで、その時得られた資料はいまでも東北大学に大切に保存されています。

大東島の地形―隆起環礁―

さて、大東島の地形に話を戻します。海岸部が高く、中央部が低いという特徴がありました。いま大東島を数一〇m沈めてみましょう。まるい形の浅い海ができます。つまり、エニウェトック環礁と同じような地形をつくることがわかります。大東島の不思議な地形はむかしの環礁がつくったものだったわけです。いまの地形は環礁が隆起してつくった地形、つまり隆起環礁というわけです。その証拠に、海岸の高所部にはサンゴ化石をはじめ、サンゴ礁をつくる生き物たちの化石を見ることができます。

エニウェトック環礁では、火山岩のすぐ上にある石灰岩は始新世(約四二〇〇万年まえ)のものでした。出てくる化石と絶対年代からエニウェトック環礁の沈降速度を求めると、四〇〇〇万年前が一〇〇〇年間に約五・二cm、二〇〇〇万年前は四・〇cm、五〇〇万年前以降は一・五㎝となっています。つまり、現在に近づくに従ってだんだん遅くなっていることがわかります。大東島の場合は一番下の石灰岩がいつの時代かわかっていませんが、おそらくエニウェトック環礁の石灰岩と同じように始新世から沈降をはじめたと考えられます。

このように、大東諸島のでき方はダーウィンの沈降説で説明できます。しかし、琉球列島のように、大陸に近い地域に発達したサンゴ礁での裾礁と堡礁のでき方の違いは、どうも沈降説では説明できないようです。

プレートの速さを測る

一九一二年にウェゲナーによって唱えられた大陸移動説は、その後、古地磁気、海底の研究などからいろいろな証拠がでてきて、いまではプレートテクトニクスという形で説明されています。つまり、地球の表面はプレートと呼ばれるいくつかの岩盤に覆われており、そのプレートの運動によっていろいろな地殻変動の起こり方を説明できるようになっているのです。そして、最近では、プレートの移動する速さを、天体の観測やＧＰＳ観測をすることで求めることができるようになりました。大東島の場合、ＧＰＳ観測で求めた結果、一年間に約九・八センチの速さで北西に移動していることが求められています。

ところで、大東島の移動速度は地質学的にも求められており、その値は一年間に五・三～八・〇となっています。これからすると、大東島は第四紀を通して一年間に数cmの速さで移動していることがわかります。とすると、このままの速度で北西に進めば、大東島と琉球海溝の距離は約二〇〇kmありますから、いまから約三〇〇万年後には琉球海溝に沈んでしまうという計算になります。

このように、大東諸島の生い立ちはフィリピン海プレートの運動に深く関わっているのです。大東諸島は地球規模のプレートの運動を目の前で示してくれる場所というわけです。

大東諸島の生い立ち―赤道近くで生まれた話―

これまで大東諸島の誕生について、また誕生した大東諸島がプレートにのって移動していることを学んできました。ここらでプレートテクトニクスに基づいた大東諸島の生い立ちについて述べ、島で起こった地質現象の話も交えながら見ていきます（169頁図49参照）。

いまから約四八〇〇万年まえの始新世の時代、大東諸島はいまのニューギニアあたりで火山島として誕生したと思われます。沖縄島付近ではプレートによって運ばれてきた嘉陽層が琉球列島に付加するころです。大東諸島は、琉球列島と違い、誕生してこの方、大陸など他の島と一度も陸続きになったことはありません。誕生した火山島のまわりには、やがて裾礁タイプのサンゴ礁ができました。その海にはヌンムリテス（貨幣石）も棲んでいたようです。

誕生した火山島は、セントラルベイズン海嶺を軸として拡大をはじめたフィリピン海プレートにのり、北上を続けました。そして、北上するプレートのたわみにより、海底がしだいに深くなり、火山島もどんどん沈下していきました。約四二〇〇万年前にはいまのパラオ諸島とトラック諸島の間まで到達しました。そのころには、火山島はすっかり海の中に沈んでしまい、上へ上へと成長を続けたサンゴ礁だけが海面に顔を出すようになっていました。環礁の出来はじめです。

火山島が沈降するにつれてサンゴ礁は上へ上へと成長を続けました。そして、さらに北上し、約二五〇〇万年まえには沖ノ鳥島の南まで到達し、ほぼ現在の大きさに近いみごとな環礁を形づくるまでになっていました。

約六〇〇万年前、これまで北に進んでいたプレートが北西へと変化したために、大東諸島は、これまで沈降していたのが隆起に転じました。というのは、フィリピン海プレートが琉球海溝に沈み込むことによる圧縮でプレート全体がたわみ、そのたわみの一番低い場所から高いところへ変わっていくところに位置するようになったからです。ただし、隆起がはじまった時期については、四〇〇万年前より新しい可能性もあります。

北西へ移動しながら大東諸島はしだいに隆起し、やがて南北大東島が海面に顔を出すようになりました。南北大東島より南にある沖大東島は海面に現れる時期が遅れました。沖大東島の標高が南北大東島と比べて低いのはそのためです。

島になった大東諸島は、氷河性の海面変動の影響も加わり、幾つかの海岸段丘ができました。その中の一つで、例えば、北大東島では、標高が約一〇mの旧汀線高度にあるサンゴ化石から、年代が約一二、三万年前の値が求められています。また、北大東島の南海岸には、小規模ながら標高が二〇数mにも平坦面が見られます。江崎港から八〇〇mほど東に行ったところで、その平坦面の上に、粟石状の石灰岩で埋まった鍾乳石（石筍）が観察できます。これは、当時海岸近くにあった鍾乳洞に海からの砂が入り込み、埋積したものだと考えられます。その時代は、さきほどのサンゴ化石の年代および小規模な平坦面であるその地形から類推すると、約二〇万年前に形成された可能性もありますが、いまのところはっきりした年代を示す証拠はありません。一方、港集落の南側で標高が約三〇mの所に軽石をふくむ礫層が見られます。これは、約二〇数mの平坦面ができたときに、当時の海底で噴火したものが大東島に流れ着いて、海岸に打ち上げられたものだと考えられます。

また、南北大東島にはレインボーストーンと呼ばれる色とりどりの石灰質泥（赤褐色〜灰色）が固まってできた珍しい岩石が見られます。これの分布する高さはおおむね二〇m以下の石灰岩の上にあります。このレインボーストーンは、標高が約二〇m以下に分布する石灰岩の長期にわたる風化によって形成された赤色土壌が、ラグーンのような波静かな環境で堆積したものでしょう。

最終氷期の約二万年前には、沖縄の他の島じまと同様に海面が大幅に低下したために、現在見られる大池などのような湖水もなく、すっかり干上がっていたと考えられます。そして、降った雨の浸食によって島の中央部の低地はますます深くなり、地下水となった雨は地下に多くの鍾乳洞を作りました。やがて氷河期も終わり、海水面がしだいに高くなっていき、海に続いた鍾乳洞を通して海水が侵入し、また島に降った雨と混じって池ができました。数一〇〇〇年前にはほぼ現在の地形に近い状態なったと思われます。

ところで、南大東島の大池に堆積している泥炭の層を使って花粉分析と年代の測定が

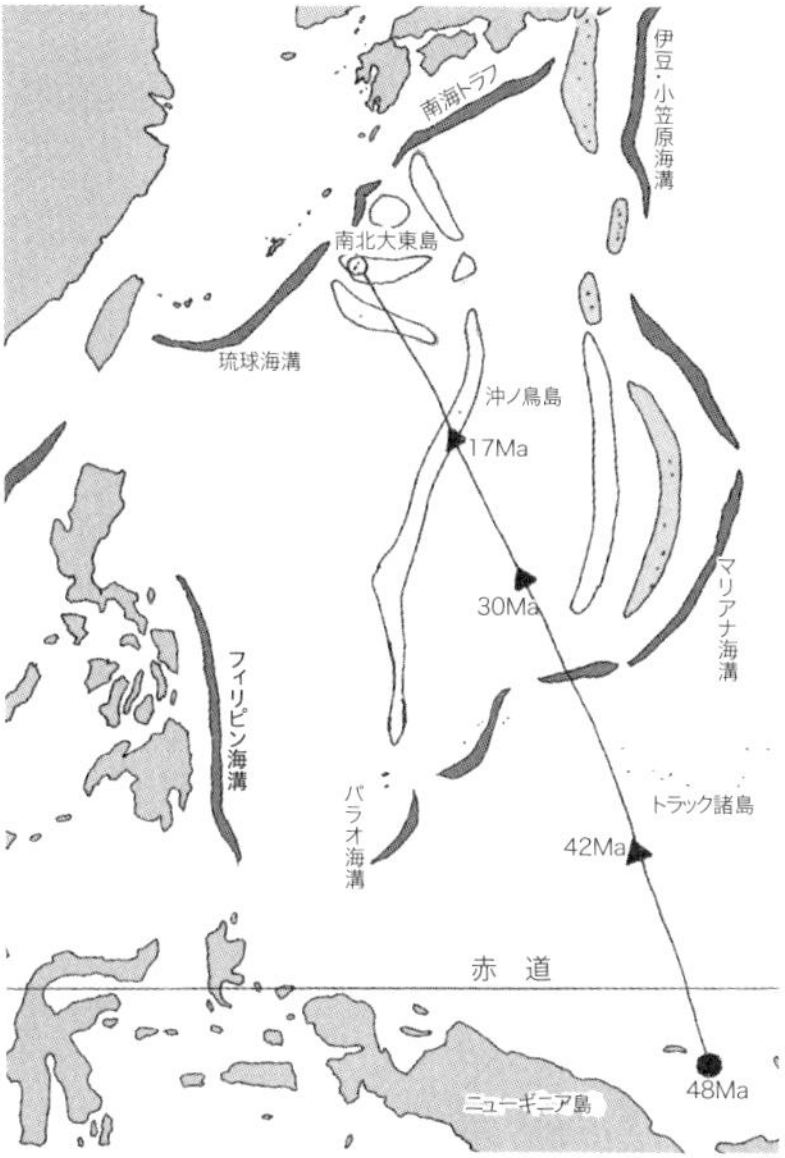

図49　大東諸島の移動の様子（S.Ohde etal,1992より作成）

行われました。それによると、池の約八mの深さに堆積した泥炭層は、約七四〇〇年前のもので、主な花粉として樹木ではアカテツ属、ビロウ属、エノキ属などの仲間が多く見つかっています。不思議なことに、いま大池に広く見られるオヒルギの仲間の花粉は、約七mの深さ（約七〇〇〇年前）から出はじめ、五・八mの深さ（約五〇〇〇年前）から多く現れるようになります。これはしだいに海水面が上昇することで海水が多く侵入するようになり、池の面積が広くなってオヒルギノ群落が広がっていったことを示しています。また、一九〇〇年に人々が入植するようになって、オヒルギ属、ビロウ属、カキノキ属の仲間が激減していることも花粉の分析結果に現れています。

第十一章　恐竜時代の沖縄　―プレートがつくった島の土台

これまでの十章で、島じまの歴史について五〇〇〇万年前までさかのぼってきました。五〇〇〇万年前というと新生代のはじめに近い年代です。その前は中生代です。その境目はおよそ六五五〇万年前です。中生代という時代は、世界的に見ると何といっても恐竜が主役です。では中生代の琉球列島に、恐竜はいたのでしょうか。

恐竜発見！

忘れもしません、一九八三年（昭和五八）の年が明け、正月気分もまだ冷めやらない一月六日のことでした。県内の新聞に、「恐竜の足跡化石発見！」の大きな文字が踊ったのです。沖縄にも恐竜がいたのかと、色めき立ちました。記事を読んでみると、沖縄島中部の恩納村名嘉真での河川工事のとき、川底から掘り出した岩石に、恐竜の足跡に似た窪みがあるということでした。翌日、さっそくその岩石を見に出かけました。確かめた結果、

「恐竜の足跡」が見られる岩石は石英斑岩でした。石英斑岩については第七章で説明しましたが、約一五〇〇万年前にマグマが地表近くで冷えて固まってできた岩石です。砂岩や泥岩のように地表でできた岩石ではありません。溶岩のようにどろどろに融けたマグマの上で、恐竜が棲んでいたわけがありません。ですから、恐竜の足跡が付くのは考えられません。また、年代的にもまったく新しい時代の岩石です。というわけで、「恐竜の足跡化石」のニュースは新春の夢となりました。

それでは本物の恐竜化石が沖縄にあるか、有名なティラノサウルスやブラキオサウルスなどたくさんの大型恐竜が棲んでいた時代の地層を探しに出かけましょう。その前に、恐竜が棲んでいた陸地の環境について簡単にお話しておきます。

恐竜天国の大陸

冬の暖かい日に、池のほとりで亀が甲羅干しをしているのを見たことがあるでしょう。亀は気温の低いのが苦手で、自分の体温を上げるために甲羅干しをしているわけです。亀の仲間を爬虫類といいます。じつは、恐竜も爬虫類の一種で、中生代に栄えて白亜紀の終わりに絶滅してしまった大型の爬虫類の一つです。ですから亀と同様に暖かい環境が好きです。化石から見ると、中生代という時代は、大陸には古生代から栄えていたシダ植物の茂る沼地と、イチョウや蘇鉄などの裸子植物からなる森が広がっていました。また、海にはアンモナイトやサンゴが栄えていました。このように、化石からわかる自然環境の様子は、陸も海も年間を通して温暖な気候だったことを示しています。つまり、中生代という時代は、爬虫類である恐竜が活動しやすい環境であったわけです。さあ、恐竜が棲む地域の環境がわかったところで恐竜捜しに出発です。

無酸素状態の海　―名護層―

那覇から国道五八号線を北上して約一時間、読谷村の多幸山を過ぎるあたりから車窓に映るまわりの景色が違ってきます。平坦で山らしい山のない南部の地形に比べて起伏の大きい山地に変わっていきます（第二章「高島と低島」62頁を参照）。じつは、嘉手納町を過ぎるあたりから、南部では見られない地層が出てくるのです。多くは黒色の岩石で、黒色片岩または黒色千枚岩と呼ばれる泥岩が変化してできた変成岩です。名護層と呼ばれる地層で、中生代の白亜紀にできたと推定されています（図50）。

推定されていると書いたのは、じつは名護層にはいまだに化石が発見されておらず、確

図50　名護層の黒色千枚岩（大宜味村塩屋）

かな年代が不明なのです。しかし、隣り合って分布する地層に、第九章でも述べた嘉陽層があります。そして、二つの地層は読谷村から国頭村にかけて広く分布し、両層の分布の特徴がお互いによく似ているのです。また、嘉陽層は、ヌムリテス（貨幣石）が発見されることから新生代の始新世であることは第九章で述べたとおりです。といったことから、名護層は嘉陽層に近い時代の地層であることが推定されてきました。

一方、一九八〇年代後半の世界の地質研究の成果から、白亜紀後期には、世界中の海が三回ほど無酸素環境下に置かれたことがあるという指摘がなされるようになりました。つまり、現在のように北極と南極に氷河が発達していると、その周辺海域の海水は冷やされて沈降し、大洋の底層水となって世界中の海に広がり、その水塊が循環して赤道地方で上昇してくるといった海水の大循環ができるのですが、白亜紀後期には地球全体が温暖になり、両極に氷河が発達せず、したがって底層水も形成されないために海水の大循環が起こらず、結果として大洋の海水が停滞し、海底付近が無酸素状態になったというわけです。海水の停滞した海底は還元的な環境になり、黒色泥が堆積しやすくなります。つまり、名護層の黒色片岩（黒色千枚岩）はこうした黒色泥が変質してできたものと考えられるようになってきました。こういったことも、名護層が白亜紀後期の地層であるという推定の根拠になっています。

海底の火山活動があった

さて、名護層を構成する岩石としては、前述したように黒色片岩（黒色千枚岩）が多いのですが、それ以外に緑色片岩（緑色千枚岩）も見られます。とくに、西海岸の国道五八号線沿いの名護市街地の山手から大宜味村にかけて広く分布しています。このような緑色片岩（緑色千枚岩）は、玄武岩質の溶岩や火山灰が変成作用を受けてできた変成岩です。ということは、名護層ができる頃、玄岩質の溶岩や火山灰を噴出する火山活動があったことになります。また、緑色片岩（緑色千枚岩）の中には枕状溶岩の構造を示す露頭もあり、火山が海底で噴火したことを示しています（図51）。

ところで、この緑色片岩の中には銅の鉱床がときどき見られるのです。例えば、恩納村

図51　枕状溶岩（大宜味村根路銘）

瀬良垣や名護市真喜屋に、かつて銅を掘った跡があります。また、慶良間諸島の屋嘉比島や久場島にも銅を掘った跡が残っています。これらはキースラーガー（層状含銅硫化鉄鉱鉱床）と呼ばれる鉱床の一つです。この種類の鉱床は、日本では四国の別子鉱山が有名で、一般的に、海底火山活動による玄武岩質火山岩類またはその変成岩類（緑色片岩）に伴うことがわかっています。そして、火山活動に伴う熱水性堆積鉱床と考えられています。

　このように、名護層の岩石は、黒色片岩と緑色片岩のいずれから見ても海の堆積物であり、恐竜が棲んでいた大陸の環境を示す地層ではありません。というわけで、さらに西に向かって本部半島に足を伸ばしてみます。

ゴチャゴチャになった地層ー本部石灰岩・与那嶺層ー

　本部半島の南海岸沿いに本部町に向かうと、名護市安和の西側あたりから採石場が広がっています。道路工事や建設用材として、むかしから石灰岩を採石しているところです。

以前から「本部石灰岩」の名で呼ばれ、有名な岩石です。本部石灰岩には、本部石灰岩の周辺に分布する与那嶺層の中にも見られ、その中からフズリナの化石が発見されていることから、古生代ペルム紀の石灰岩であることがわかります。本部石灰岩によく似た石灰岩は、本部半島以外にも大宜味村のネクマチヂ岳付近、国頭村の半地、辺戸岬などにも分布しています。

一方、与那嶺層は、石灰岩・チャート・緑色岩などの岩塊を、泥岩・砂岩・礫岩・凝灰岩などいろいろな種類の岩石が埋めるような形で入り混じってできた地層です。石灰岩・チャート・緑色岩の岩塊は、遠くから運ばれてきた異地性の岩石です。石灰岩からは古生代ペルム紀のフズリナがチャートからは中生代三畳紀のコノドントが発見されています。また、これらの岩塊を埋める地層からは、中生代白亜紀前期の放散虫が見つかっています。

こうしてみると、本部半島の中心部を占める地層は、いろいろな時代の岩石が入り混じった状態になっています。このような地層をメランジェ（フランス語で混合を意味する）と呼んでいます。第九章や十章で説明したプレートの運動によってできた地層です（157頁の地学コラム参照）。つまり、沖縄のずっと南方で、古生代にできた石灰岩や三畳紀にできたチャートなどが、プレートによって太平洋側から運ばれてきて、大陸側から運び込まれた白亜紀の砂岩や泥岩などと、海溝付近（プレートが潜り込む所）でごちゃ混ぜになった地層というわけです。本部層や与那嶺層は、プレートの運動によってできた地層ということになります。さきほど述べた名護層、それに第九章で説明した嘉陽層、いずれもプレートの運動に伴ってできた地層（付加体）という意味では本部層や与那嶺層の仲間です。このような状態の地層が見られる場所を付加帯といいます。

伊江島タッチューの不思議

さて、中生代の地層を求めて本部半島まで来ましたが、すべて海の堆積物だけでした。次に海を渡って伊江島に行ってみます。

伊江島のシンボルと言えば何といっても城山です。人びとは親しみを込めて伊江島タッチューと呼んでいます。琉球石灰岩がつくる平たい島にそびえる標高一七二ｍのタッチューは、遠くからもはっきりと確認でき、みごとな景観を作っています。そのため、バジル・ホールの航海探検記にも「緑の小島で、ちょうど中央にめだつ円錐形の山をもっている。……航海者にはすばらしい目標になる。」と述べられています（図52）。

タッチューをつくる岩石を調べてみると、赤っぽい色のチャートと呼ばれる岩石でであき

図 52　伊江島タッチュー。標高 172 メートルしかないが海から見ると塔のようにそそり立つ（伊江村）

ています。そのチャートを採集してフッ化水素で処理し、電子顕微鏡で観察すると、たくさんの放散虫が集まってできた岩石であることがわかります。また、化学成分を調べた結果から、遠洋性のチャートであることもわかっています。さらに詳しい放散虫化石の研究から、次のようなことがわかりました。

タッチューを構成するチャートの放散虫化石は、一番下に後期ペルム紀の放散虫があり、その上に三畳紀後期～ジュラ紀初めの放散虫、そして頂上付近にはジュラ紀後期の放散虫が見られます。一方、タッチュー南麓の伊江村役場から伊江中学校あたりに分布するチャートや頁岩からはジュラ紀末～白亜紀初期の放散虫が見つかっています。つまり、地形的に下にある場所に新しい時代の放散虫が、高いところに古い時代の放散虫があるわけです。この現象は、白亜紀に大洋プレートが沖縄（伊江島）付近で海溝に沈み込む際に、大洋プレート上に堆積していたチャート層（タッチュー）がはぎ取られて付加体（麓の地層）の上に乗り上げたものだと考えられています。とすれば、その間には断層があるはずですが、現在境界付近は土で覆われ、露頭がないために確認できません。

伊江島と同じような地層は伊是名島や伊平屋島にもあります。そこではジュラ紀からペルム紀にかけての放散虫化石が見つかっています。つまり、ジュラ紀の地層中にそれより古い時代の岩石が混在している形になります。このように、沖縄島およびその付近の中生代の地層はいずれも付加体からなる地層群で、すべて海の堆積物であることがわかりました。残念ながら恐竜の化石はなさそうです。では南の先島地方はどうでしょうか。

石垣島の古い岩石

石垣市の市街地の北にバンナ岳森林公園があります。公園のあるバンナ岳から西方の前勢岳や観音崎にかけて、千枚岩、砂岩、チャートなどからなる複雑な構造の地層（富崎層）が分布しています。これらの地層（富崎層）について、コノドントや放散虫の化石などを用いて詳しく研究がなされてきました。結論をいいますと、ジュラ紀前期から石炭紀後期までの化石を含み、沖縄島の本部層や与那嶺層と同様に、すべて付加体であることがわかりました。付加した時代はジュラ紀中期と考えられます。

ところで、八重山地方には富崎層と接するようにトムル層という変成岩が分布していま

図53　トムル層の結晶片石（石垣市明石）

す（図53）。緑色片岩、黒色片岩、青色片岩などからなる典型的な変成岩です。青色片岩にはラン閃石が含まれ、地下約二〇～三〇キロメートルの深さで変成作用を受けたことが推定できます。というわけで、トムル層は、プレートの沈み込み帯（海溝部）において付加された堆積物と考えられます。変成作用を受けているために、堆積物のもともとの時代はわかりませんが、放射年代の測定から、変成作用を受けた年代が約一億九〇〇〇万年～二億二〇〇〇万年前と求められています。つまり、変成作用を受けた時代は三畳紀後期～ジュラ紀前期となります。このことから、トムル層の源岩の堆積年代は三畳紀から古生代後期と推定されています。

このトムル層とさきほど述べた富崎層は、衝上断層（圧縮

によって地層がずれたものを逆断層といい、そのずれの角度が45°以下の場合をいう。41頁地学コラム参照）の関係にあります。底原衝上断層と呼ばれ、白亜紀のある時期に形成されたと考えられています。研究者により、トムル層と富崎層の関係は、山口県に分布する三郡変成岩と玖珂層群の関係に似ていることが指摘されています。つまり、石垣島の古い地層は、北九州から中国地方に分布する地層に続いていたのですが、第八章でみた南琉球の時計回りの回転や、琉球列島の南への移動でずれてしまったというわけです。

さて沖縄島から石垣島まで中生代の地層を見てきました。しかし、付加した時代にジュラ紀または白亜紀という違いはありますが、すべてが深い海に堆積した地層でした。ということで、残念ながら今のところ琉球列島（中・南琉球）で恐竜が発見されるという望みはないようです。ただし、伊是名島に分布する地層（諸見層）には植物化石がふくまれる層があり、花粉分析によると浅海ないし沼地の環境が推定されているところもあります。もしそれが正しければ、ひょっとすると恐竜の化石が沖縄で見つかる可能性がないわけではありません。

ヒマラヤに続いていた今帰仁層の海

これまでに、各地で中生代の地層を見てきました。そして、それらは白亜紀からジュラ紀に堆積したメランジェ（いろいろな時代の岩石が混在した地層）でした。ここではこれまでの地層と少し様子の違ったものを見ることにします。それは、本部半島の本部町瀬底島から今帰仁村今泊にかけて分布する地層で、今帰仁層という中生代の地層です。層理の発達した石灰岩、シルト岩それに緑色岩などからなります。その地層が他の中生代の地層と違う点は、石灰岩やシルト岩にアンモナイトの化石とハロビアという二枚貝の化石が含まれていることです。アンモナイト化石の種類から、今帰仁層は中生代三畳紀後期の地層であることがわかっています（図54）。

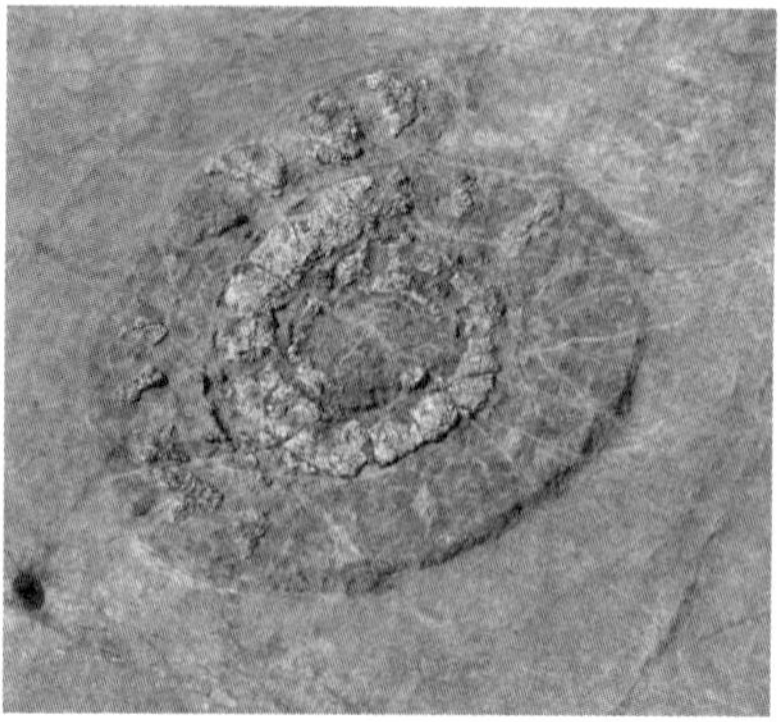

図54　アンモナイト（今帰仁村今泊）

アンモナイトは、一見巻貝のような形をしていますが、頭足類に属する動物で、むしろ現在のタコ、イカ、それにオウムガイの仲間に近い動物です。名前はギリシャ神話に出てくる太陽の神「アンモン」に由来するもので、アンモンの頭部にある角が、アンモナイトのように、グルグル巻になっているところから名付けられたものです。中生代に栄えたアンモナイトは、現在のオウムガイと同じように、気室に空気を入れて波間にぷかぷか浮いて暮らしていました。漏斗状の口から海水を吸い込み、それをジェットエンジンのようにはき出すことで移動したが、あまり速くなく、魚やプランクトンを簡単に捕らえることはできなかったようです。そのために、海岸に近い水際の浅瀬で生活し、満潮で打ち寄せてくる潮に混じっていたわずかのプランクトンを餌としていたと考えられています。今帰仁層のアンモナイトは、日本に産する種類は少なく、遠くアルプス、ヒマラヤ、カリフォルニア、カナダなどに産するものに共通種が多いのです。またハロビアも、日本より東南アジアからアルプスにかけて広がるタイプだといわれています。ということは、中生代三畳紀後期の沖縄は、日本とは違った自然環境にあったことになります。今帰仁層は、わずかながら沖縄島最北端の辺戸岬にも分布しています。

今帰仁層の石灰岩は、本部石灰岩と違って層理がよく発達し、多くは三〇度前後で北西に傾斜し、比較的単純な地質構造を示しています。ということで全体が三畳紀の地層ということになっています。しかし、最近の開発によって褶曲した石灰岩層が多く現れ、また一部に大きな岩塊状の石灰岩やチャートを含む露頭もあります。これらのことから、本部地域の他の地層（伊平屋層や本部石灰岩・与那嶺層）と同様に、付加体ではないかという考えもなりたちます。今後、放散虫化石を利用するなど、さらに詳しい研究が必要のようです。

今帰仁城跡の石垣

ここで今帰仁層の石灰岩に関わる話を二つほどしておきましょう。まず一つは、世界遺産である今帰仁城跡の石垣には、今帰仁層の石灰岩が使われていることです（図55）。その訳は、今帰仁層の石灰岩が板状に割れるため、石垣を築くの

図55　今帰仁城跡の石垣。層理に沿って割れた石灰岩が利用されている（今帰仁村今泊）

に適しているからです。いい換えれば、今帰仁層の石灰岩が近くになければ今帰仁城のような大きな城ができなかったかも知れません。または、他の多くのグスクと同じように、琉球石灰岩を利用した石垣がつくられたのかも知れません。いまでも今帰仁城跡の近くの民家では、今帰仁層の石灰岩を利用して築いた石垣をよく見かけます。昔から人びとは、身の周りにある石の性質をよく知って利用していたわけです。

熱帯カルストをつくる岩石

もう一つは、本部町山里から今帰仁城跡にかけて円錐カルストと呼ばれる珍しい地形が見られることです（図56）。一般に石灰岩が浸食を受けてできる地形をカルスト地形といいます。日本の他県で見られるカルスト地形、例えば山口県の秋吉台や福岡県の平尾台などは、小さな起伏をもった山の斜面が、大きく波打つような地形になっています。これは、温帯地方にあるカルストの特徴といえます。それに対して、山里に見られる山々は、円錐形になっていて、熱帯に位置するフィリピンのボホールで見られる円錐カルストによく似ているのです。沖縄のように亜熱帯に属し、高温で雨の多い地域では浸食が速く、熱帯特有の円錐カルストができるというわけです。本部石灰岩からなる嘉津宇岳や八重岳なども円錐カルストに近い地形になっています。また、辺戸岬にある本部石灰岩は、塔状になっています。これを塔状カルストと呼んで、やはり熱帯カルストの一種です。塔状カルストの典型的なものは中国の桂林にあります。

　このように、山里の円錐カルストと辺戸岬の塔状カルストは、日本全国を見ても沖縄にしかない天然記念物的な地形ということになります。

最古の岩石を求めて

　これまでに、沖縄県の島じまに分布する中生代の地層について、一通り見てきました。そして、中生代を通して沖縄は恐竜の棲む陸地ではなく、ずっと海の時代が続いていたことがわかりました。そこで、さらにさかのぼって、恐竜

図56　円錐カルスト（本部町山里のユネー御獄）

時代よりも古い時代の地層がどうなっているかを見ることにしましょう。

中生代より古い地層には、フズリナ化石がふくまれる石灰岩と、放散虫化石やコノドント化石がふくまれるチャートがあります。石灰岩からはペルム紀前～後期のフズリナと石炭紀後期のフズリナが、チャートからはペルム紀前～後期の放散虫と石炭紀後期のコノドントが見つかっています。フズリナは、古生代後期の石炭紀からペルム紀に大繁栄した有孔虫の仲間です。そのために、古生代後半の時代を決めるのに重要な化石（示準化石）となっています。糸を紡ぐときに使う用具に、糸をまっすぐに伸ばすために吊した錘があります。その錘の形を紡錘形といい、フズリナがそれに似ていることから、紡錘虫とも呼ばれています（図57）。フズリナから見ると、伊平屋島の北西部に分布する伊平屋層中の石灰岩がもっとも古く、石炭紀後期の種類であるフズリネラが含まれています。コノドントから見れば、石垣島の富崎層中のチャートがもっとも古く、石炭紀後期の種類

図 57　石灰岩中のフズリナ化石（本部町伊野波）

が見つかっています。いずれの場合にも、沖縄の島じまで見られるもっとも古い化石は、石炭紀後期のものであります。しかし、化石の含まれる石灰岩やチャートは、いずれも付加体の中の岩石であり、プレートによってずっと遠方より運ばれてきたものです。つまり、琉球列島に分布する岩石の中で、もっとも古い岩石は異国生まれだというわけです。

三億年の歴史を駆け抜ける

現在から昔へ歴史を遡る形で話をはじめた「琉球列島ものがたり」も、三億年前まで来たところで終わりとなります。ここでもう一度おさらいの意味で「琉球列島ものがたり」を、今度は時代順に簡単にまとめてみましょう。

琉球列島でもっとも古い岩石は、石垣島や伊平屋島、それに本部半島などに見られる石灰岩、チャートそれに玄武岩質溶岩などで、三億〜二億数一〇〇〇万年前の古生代後半（石炭紀〜ペルム紀）の岩石（地層）です。その頃、これらの岩石（地層）が何処でできたかはっきりしたことはわかりませんが、ずっと南の赤道地域、あるいは赤道よりもまだ南の方の海域で生まれたのかも知れません。つまり、石灰岩、チャート、玄武岩質溶岩は異国生まれの岩石（地層）というわけです。

こうしてずっと南方からプレートで運ばれる途中で、海底に堆積していた中生代のチャートなども取り込みながらアジア大陸の縁にあった当時の海溝に近づきました。そこで、大陸からもたらされた砂岩や泥岩など地層とごちゃ混ぜになり、大陸に付加してできたのが、琉球列島の中生代の地層である伊江層、諸見層、伊平屋層、今帰仁層、本部層、与那嶺層、名護層そして富崎層などです。

最初の付加は中生代のジュラ紀中期に起こりました。その結果できたのが石垣島に分布する富崎層です。引きつづき、白亜紀中期には伊平屋層、諸見層、伊江層が、そして白亜紀後期には本部層、与那嶺層、名護層が次々と付加していきました。このようなプレートが運んできた地層の大陸周辺への付加は、新生代になってもなお続いていました。そのもっとも新しい付加体が嘉陽層です。このようにして琉球列島の土台の地層ができたわけです。

古生代後半から新生代はじめにかけての岩石（地層）がつぎつぎと付加していった時代、琉球列島は、一部の地域に浅い海（伊是名島の諸見層）があった可能性もありますが、基本的には水深が数一〇〇〇mという深海であったと考えられます。そこへ、新生代のはじめに、八重山地域では、ヌンムリテス（貨幣石）の棲む浅い海への変化が起こりました。また、赤道よりも南にあった大東諸島が北上して琉球列島に近づくという事件が起こりつつありました。

中生代から新生代のはじめにかけて大陸の周辺部に付加した地層はやがて隆起し、漸新世から中新世にかけて、琉球列島付近は全体として大陸の一部に変わっていきました。その後、南琉球が時計回りに回転をはじめたために、先島諸島付近やその北側が陥没し、そこへ浅い海ができました。その海に堆積したのが八重山層です。八重山層の海は陸地に囲まれた内海的な海で、そこには周りの陸地から運ばれてきた植物遺体が厚く堆積し、後に石炭層を形成しました。

中新世中期になると、八重山層の堆積した浅い海が隆起して南琉球も陸地となり、琉球列島付近はしばらく大陸の時代が続きます。その時に、イシカワガエルなどが中琉球まで分布を広げました。やがて中新世の後半から鮮新世になると、琉球列島付近に広く「島尻海」が侵入し、島尻層が堆積して天然ガスができました。「島尻海」の形成はまず沖縄島付近からはじまり、宮古島、久米島、沖縄トラフ南部、そして沖縄トラフ北部へとしだいに広がっていきました。ハブなど多くの動物たちが大陸から琉球列島まで分布を広げたのは、島尻海が拡大する途中の、中琉球がまだ太陸と陸続きの頃（約五〇〇万年前）だったと考えられます。

鮮新世の後半になると、「島尻海」が東シナ海全域に広がりました。そのために中琉球は大陸と完全に切れました。また、トカラ海峡ができて北琉球とも分離しました。完全に島となった中琉球では、前の時代に渡って来た動物たちが独自の進化をはじめました。

引き続く更新世の時代には、地殻変動と氷河性海水準の変動によって南琉球と大陸の間に陸橋が形成され、ショキタテナガエビなどが渡来しました。その後、列島は再び「島と海」の時代へと変化します。すでに沖縄トラフもできており、大陸と分離した琉球列島付近は、広く黒潮に洗われる浅海地域となり、「琉球サンゴ海」が誕生しました。そこに堆積したのが琉球石灰岩です。また、その後も南琉球だけは大陸と陸続きになったりして、イリオモテヤマネコなどが渡って来ました。しかし、中琉球はずっと島のままでした。その後に南琉球も大陸と切れ、琉球列島は完全に島の時代を迎えました。島となった琉球列島に島伝いに渡来したのが山下町洞穴人や港川人などです。そして、いまから約九五〇〇年前にはサンゴ礁ができはじめ、現在の島じまの原形ができあがりました。

このように、琉球列島は、長い時間をかけて深海の時代、大陸の時代、半島の時代、島の時代と、変化を繰り返しながら現在の姿へと変わってきたわけです。

こうして、三億年の月日をかけてできあがったのが、私たちの住む琉球列島の島じまです。私たち沖縄県の島じまには、イリオモテヤマネコ、ノグチゲラ、ヤンバルクイナなどに代表される貴重な陸上の動物たち、また、海には、大事な観光資源となっているサンゴが生息しています。さらに、近海にはジュゴンも棲んでいるのです。それ以外にも多くの貴重な動植物が生息しています。これもすべて島じまの生い立ち（地史）との関わりで、いま沖縄の島じまに見られるわけです。

また、地形にしても、他県では見られない熱帯カルスト（円錐カルスト・塔状カルスト）、隆起環礁、ビーチロック、ノッチ、サンゴ礁地形、石灰岩堤など多くの素晴らしい地形が見られます。

このように、他県と比べて特徴のある沖縄の自然は、決して一朝一夕にできたのではありません。このことを私たちはいつも心に留めておきたいものです。そして、私たちの子孫へ残すべく努力していかなければならないと思います。

■付録・図解 琉球列島の生いたち

約二億五〇〇〇万〜三億一〇〇〇万年前（古生代ペルム紀〜石炭紀）、ずっと南の赤道近くにフズリナの棲む海があり、石灰岩ができた（本部層など）。

次の恐竜時代（中生代）にも陸はなく、海が広がり、アンモナイトが棲んでいた（今帰仁層）。

約九〇〇〇万年前（中生代白亜紀）の海は、暖かい時代で海底付近の海水が停滞し、還元的な環境が広がったために黒い地層が堆積した（名護層）。

約五〇〇〇万年前（新生代始新世中期）、沖縄島以北の琉球列島は三五〇〇〜五五〇〇mの深海で砂岩・頁岩の互層が堆積した（嘉陽層）。本部層から嘉陽層にかけての地層は、プレートによって南方から運ばれてきた石灰岩やチャートなどと、大陸から運ばれてきた砂岩や泥岩などとが海溝付近で混ざってできた地層群（メランジェ）である。これらの地層群はやがて隆起して陸化し、長い間大陸の周辺部となっていた。

約四八〇〇万年前、現在のニューギニア近くで大東島の基盤である火山島が生まれる。

一方、南琉球では約四〇〇〇万年前に浅い海が広がり、石灰岩が堆積した（宮良層）。宮良層の堆積後に火山活動があり、野底層のグリーンタフが堆積した。

約三〇〇〇万年前（漸新世）頃、地下では火成活動の胎動が見られた。読谷村のトーナル岩（約三〇〇〇万年前）や於茂登花こう岩（約二九〇〇万年前）がそのときできたものである。

①中新世前期（約二三〇〇〜一六〇〇万年前）

これまで大陸の縁であった琉球列島に、先島地方で海が侵入し、八重山層が堆積する。渡名喜島地域の地下ではマグマが活動、久米島付近で火山が噴火した。大東島は環礁となる。

②中新世中〜後期（約一六〇〇〜六〇〇万年前）

久米島地域に火山活動が起こる。中琉球にイシカワガエルが、南琉球にゴンホテリウムゾウが分布を広げる。沖縄島付近に島尻海ができはじめ

②中新世中〜後期（約1600〜600万年前）

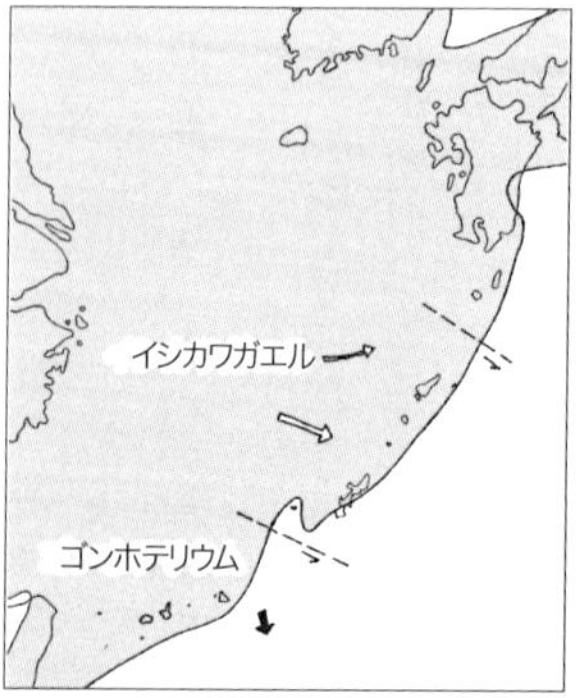

①中新世前期（約2300〜1600万年前）

る。大東島は隆起に転じる。

③鮮新世前期（約五三〇～三〇〇万年前）

東シナ海地域はしだいに湿地化、久米島付近に大河の河口が開いていた。川を通じてキクザトサワヘビが、陸路をハブ、リュウキュウジカなど多くの動物が中・南琉球に移動。北からはノグチゲラ、アユなどが渡来。

④鮮新世後期～更新世前期（約三〇〇～二〇〇万年前）

沖縄トラフが拡大、陥没。それに伴って久米島付近では火山活動が盛んになる。また、島尻海が最大となり、琉球列島地域が大陸から分離。トカラ海峡ができて中琉球の動物が独自の進化をはじめる。

③鮮新世前期
（約 530 ～ 300 万年前）

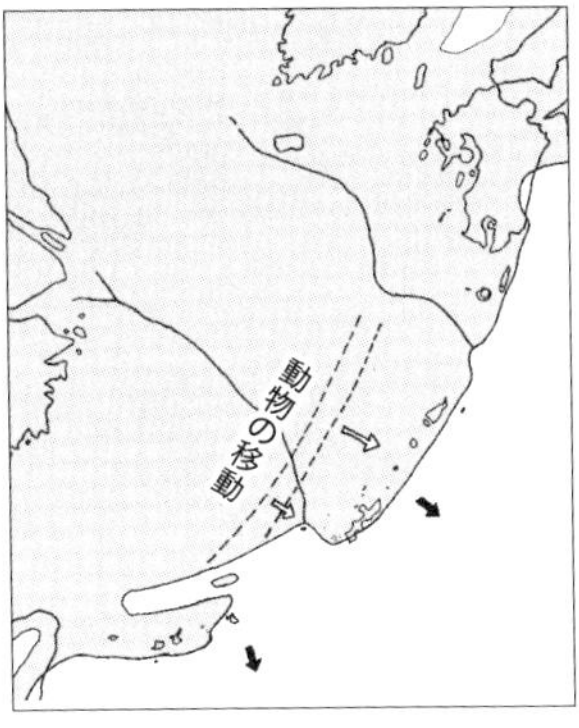

④鮮新世後期～更新世前期
（約 300 ～ 200 万年前）

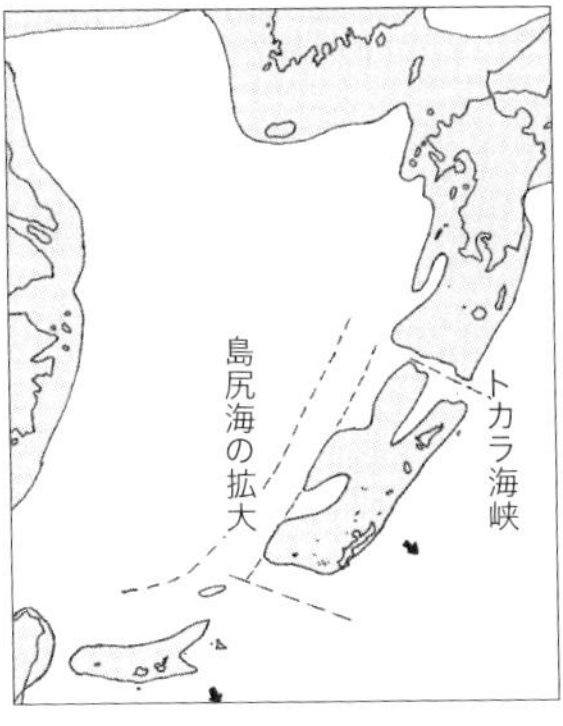

⑤更新世前期（約二〇〇～九〇万年前）

南琉球が大陸と繋がり、ショキタテナガエビ、ムカシマンモスゾウなどが渡来する。中琉球は二つに分離し、ハブがさらに独自の進化。島尻海は広く陸化し、浸食を受ける。大東諸島が陸になりはじめる。この時代に、本部半島・沖縄島南部、伊良部島付近に海が侵入し、「琉球サンゴ海」の形成がはじまる。

⑥更新世前期後半～中期前半（約九〇～五〇万年前）

琉球石灰岩を堆積させた「琉球サンゴ海」が拡大する。琉球サンゴ海は、トカラ列島付近から波照間島まで、琉球列島沿いに広い範囲に広がった。

⑤更新世前期
（約 200 ～ 90 万年前）

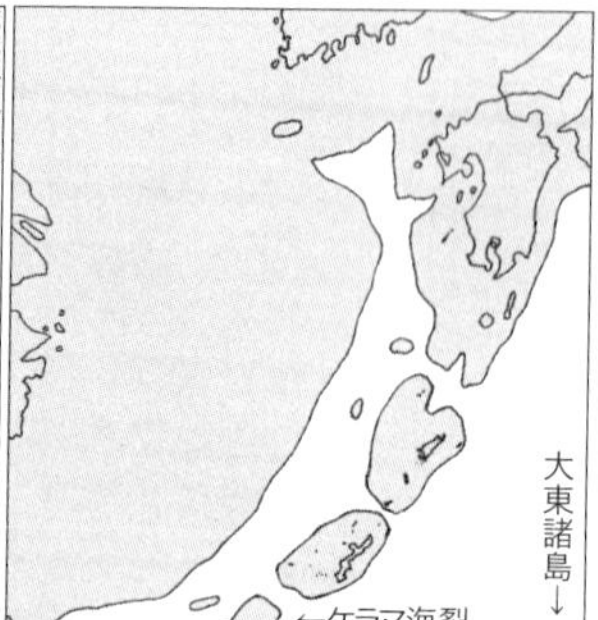

⑥更新世前期後半～中期前半
（約 90 ～ 50 万年前）

⑦更新世中期（約四五～二五万年前）
再び陸域が広がる。ウルマ変動が激化しケラマ海裂が陥没して深い海となる。南琉球にサキシマハブが渡来、その後、与那国凹地ができる。

⑧更新世中期後半（約二〇～一二万年前）
海水準の変化でサンゴの海が広がったときに読谷石灰岩ができ、氷期で陸域が広がったときに赤土中に、マンガンノジュールが、それに円筒状地形ができる。

⑦更新世中期
（約 45 ～ 25 万年前）

⑧更新世中期
（約 20 ～ 12 万年前）

⑨更新世後期（約二万年前）

約二万年前の最終氷期に海水面が約一二〇m低下し、島域がひろがる。島を伝って琉球列島に山下町第一洞穴人や港川人が渡来した。

⑩完新世（一万〜現在）

最終氷期（約二万年前）が終わると海水準がしだいに上昇し、陸域は狭くなった。約九五〇〇年前から現在のサンゴ礁が形成されはじめた。海水準の変化に伴ってノッチやビーチロックが形成された。

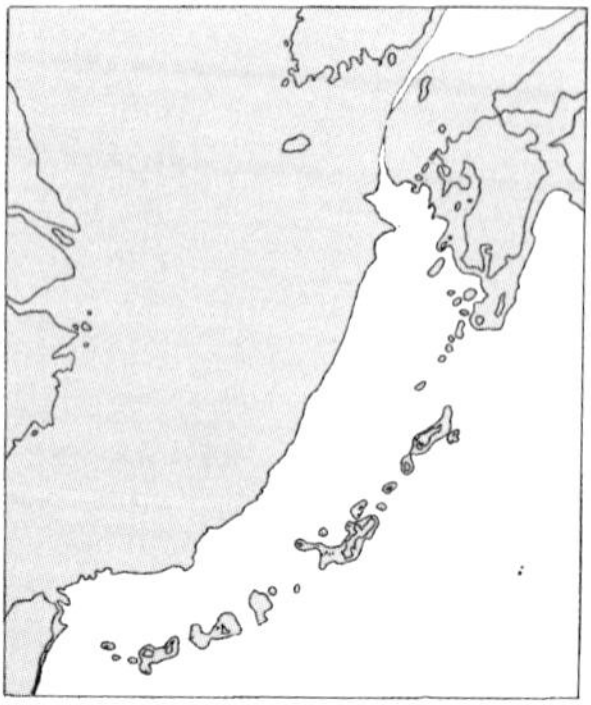

⑨更新世後期
（約２万年前）

⑩完新世
（１万〜現在）

神谷厚昭（かみや・こうしょう）
沖縄県那覇市首里生まれ。
1967年広島大学大学院理学研究科地質鉱物学専攻修士課程修了
2003年県立真和志高校を最後に定年退職。現在、白保竿根田原洞穴遺跡調査指導委員会委員、新沖縄県史編集専門委員会委員
著書に『琉球列島ものがたり』（ボーダーインク）、『琉球列島の生いたち』、『島の生いたちをさぐる』、共著として『沖縄の自然—その生いたちを訪ねて—』『沖縄の島々をめぐって』、『おきなわの石ころと化石』。

ボーダー新書012
地層と化石が語る琉球列島三億年史

2015年4月1日　初版第一刷

著　者　神谷　厚昭
発行者　宮城　正勝
発行所　（有）ボーダーインク
〒902-0076 沖縄県那覇市与儀226-3
tel098-835-2777　fax098-835-2840
印　刷　株式会社　近代美術

ISBN978-4-89982-277-6 C0245

新しい沖縄との出会いがある

ボーダー新書

『名護親方・程順則の〈琉球いろは歌〉』（安田和男）＊
『恋するしまうた　恨みのしまうた』（仲宗根幸市）＊
『沖縄でなぜヤギが愛されるのか』（平川宗隆）＊
『島唄レコード百花繚乱─嘉手苅林昌とその時代』（小浜司）＊
『笑う！うちなー人物記』（ボーダーインク 編）
『沖縄本礼賛』（平山鉄太郎）
『沖縄苗字のヒミツ』（武智方寛）
『沖縄人はどこから来たか〈改訂版〉』（安里進・土肥直美）
『ぼくの沖縄〈復帰後〉史』（新城和博）
『壺屋焼入門』（倉成多郎）
『琉歌百景』（上原直彦）
『地層と化石が語る琉球三億年史』（神谷厚昭）

定価＊900円＋税　それ以外は定価1000円＋税〈以下続刊予定〉